自然破壊と人間

マルクス『資本論』の真髄を貫いて考察する

野原拓 著

プラズマ出版

自然破壊と人間——マルクス『資本論』の真髄を貫いて考察する

目次

バイデン政権は脱炭素の政策に舵を切った。アメリカもまた、西ヨーロッパ諸国、中国につづいたのである。ここに、石炭・原油・天然ガスなどの化石燃料を自国の経済成長のための主軸とすることを主張して、温室効果ガス削減の動きに対抗する国はなくなった。日本の菅政権も、大慌てで、再生可能エネルギーの技術開発を前面に押し出しはじめた。

だが、このことは、各国の権力者たちや資本家たちが、自分たちが地球環境を破壊してきたことを反省して政策を転換した、ということを何ら意味しない。自分たちがあまりにも環境的自然を破壊し大水害や森林火災やまた絶滅種の増大などをもたらしてきたことのゆえに、彼らは、ブルジョアジーとしての利害からしても温室効果ガスの削減に踏み出さざるをえなくなったのであり、各国の権力者たちがおしなべてその政策を採ったうえでは、太陽光発電や水素などのエネルギー源の技術開発および生産が、そしてこれにもとづく産業構造の大再編が、膨大な利潤を生む部門となったからなのである。これらの諸部門への資本の投下が、米欧日などの国家独占資本主義国や中露の国家資本主義国に溜まりに溜まっている過剰資本を処理する形態という意義を獲得したからなのである。

だからこそ、全世界の諸独占体は、新型コロナウイルス感染拡大の影響をうけて危機に瀕した諸企業を救済するために株式市場・債券市場やあるいは諸企業に直接的に注入された国家資金、これを活用して脱炭素の新部門を興す、とともに、既存の生産設備を直接的に廃棄し、そこで働いていた労働者たちを大量に解雇する動きを開始したのである。

サハラ砂漠に太陽光パネルをおき、それによって得た電力でもって水素を生産して液体にし、この液体水素を、水素を動力とするタンカーでヨーロッパやアジアに運ぶ、というような諸事業に、各国の金融資本は群がりはじめているのである。

このような諸行動があくまでも資本を増殖するためのものである、ということは、最大の自然破壊をなす森林の破壊を各国の権力者や資本家たちがやめていないことに端的にしめされている。

アマゾンの熱帯雨林は、その全体の一五%をすでに失った。肉牛の飼育牧場をつくるために、そして輸出用の大豆を生産するために、木々は伐採された。このような資本制的開発の行動を裏で操っているのが、アメリカのアグリビジネス企業なのであり金融資本なのである。

ボルネオ島を中心とする東南アジアの森林は、かつての植民地時代から連綿とつづき拡大されてきたプランテーション経営や鉱業開発のために破壊されてきた。いまでは、こうした経営は、その諸生産物を買いあさる中国の国家資本の勢力圏のもとに編みこまれているのである。

森林は、その樹木が光合成をおこなうものとして、二酸化炭素を吸って酸素を出す自然のたまものである。そればかりではない。光合成によって成長した木々は、それ自体、太陽エネルギーの凝結体をなす。石炭・原油・天然ガスなどの化石燃料は、過去の太陽エネルギーの蓄積物である。森林破壊というかたちで太陽エネルギーの現在的な蓄積を阻害したうえで、化石燃料の消費という形態をとって・蓄積された過去の太陽エネルギーを地上に解き放つのは、そのことそのものにおいて地球の温暖化をもたらすのである。

森林内での巨大な水力発電所の建設は、その森林の破壊をなす。だが、水力発電は、再生可能エネルギーの部類に入れられているのである。

原子力発電は、原子核のなかに閉じこめられていたエネルギーを地球上に放出するものである。生産された電気エネルギーは最終的には熱エネルギーとなる。このゆえに、原子力の消費は、地球を暖めているものなのである。

このようなことの一切が無視されているのは、現在直下のエネルギー転換が資本の自己増殖のためにおこなわれていることにもとづくのである。

いまもてはやされている斎藤幸平は、地球温暖化の根拠を資本主義そのものにもとめている。

このかぎりにおいて、その主張は斬新であり、正しいといえる。だが、彼の言う・資本主義の克服は、水や電力、住居、医療、教育といったものを公共的に管理せよ、ということでしかない。いくら地方公共団体が経営したとしても、その経営体は資本なのであり、公的資本という規定をうけとるのである。日本では電力は民間資本によって経営されているのであるが、公的経営をなすところの、水道局の労働者も、市営住宅を管理する労働者も、市民病院の医療労働者も、さらに公立学校に雇われている教育労働者も、いま過酷な労働を強いられ・こき使われ、搾取されているではないか。

どんな経営体に雇われているのであれ、すべての労働者がみずからを賃労働者＝プロレタリアとして自覚し、資本によって賃労働が搾取されるというこの階級関係そのものをその根底から転覆するために階級的に団結しなければならない。

このような労働者たちの階級的団結ということを無視抹殺し、資本主義的な秩序はそのままにしたうえで公共的なものをひろげていけばいい、としているのが、斎藤幸平なのである。これは、彼が「マルクスの再解釈」の名のもとにマルクスをエコロジー的に歪曲したことにもとづくのである。

マルクスは、プロレタリアの労働を疎外された労働としてあばきだし、この労働の疎外の廃絶をめざしたのであった。斎藤幸平は、これをねじまげたのである。労働の疎外というのはまだ表面的な把握であって、これをほりさげて、人間による自然の疎外という根本問題をマルクスはつかみとったのだ、というように、である。これは、労働力の商品化を、だから生産諸手段の資本制的私的所有を、その根底からくつがえす、というマルクスの・プロレタリアートの自己解放の理論を否定するための理論的詐術なのである。

われわれは、このような、マルクスのエコロジー的解釈替えをあばきだしていかなければならない。

われわれは、マルクスと・それをうけついだ黒田寛一の実践的唯物論を、そして『資本論』の真髄を貫徹して、二一世紀現代世界の諸問題を思索し解明するのでなければならない。

矛盾に満ち満ちたこの現代世界を変革するために、この本に主体的に対決されんことを望む。

二〇二一年二月一九日

I　環境的自然の破壊と階級的人間

〔1〕 実践的立場にたって大水害にたちむかおう

実践的立場にたって

この秋（二〇一九年の秋）、台風によって川の堤防が相次いで決壊し多くの犠牲者がうみだされ大きな被害が出た。われわれは、この事態をわれわれの問題としてうけとめ、この事態に対決するという実践的立場にたたなければならない。

前例をみない堤防の決壊にみまわれたのは、従来であるならば台風は上陸直前には衰えはじめているのに、今年は勢力を強めつつあるまま上陸してきたからだという。これは、日本の近海の海水温度が、例年よりも一～二度高かったことにもとづくのだという。しかも、日本近海の海水温の上昇速度は、他の海よりも激しいのだという。

地球の気温は、跛行的に上昇しているのである。地球の気温を左右する一番大きな自然的要因は太陽の活動である。いま太陽の活動は低下傾向にある。このことからすれば、地球は寒冷化するはずなのであるが、地球は温暖化しているのであり、しかもそれが跛行的に進行しているのである。これは、この事態が、現代帝国主義のもとでの人間の活動によってもたらされていることをしめしているのである。

世界の帝国主義諸国・資本主義諸国、そして中露の国家資本主義国、これらの諸国の権力者および資本家どもは、資本を増殖するために、地球の自然的諸条件を破壊してきた。もろもろの災害をもたらしている・地球の温暖化およびその他の自然環境の破壊は、この資本を増殖するための活動そのものを根拠とするのである。

このゆえに、われわれは、帝国主義諸国の権力者と独占資本家ども、そして中露の国家資本主義国の官僚ども、彼らによる地球環境の破壊に反対することを闘争課題として設定し、既存の環境保護運動をのりこえていく、というのりこえの立場＝闘争論的立場にたって、われわれの闘争＝組織戦術を解明し、この闘争＝組織戦術にのっとって諸活動をくりひろげるのでなければならない。

現実肯定主義と結果解釈主義

二〇一九年九月二九日にインターネット掲示板に投稿された「五〇〇名の科学者が緊急な気候問題はないと国連に書簡を送る」という記事にみられるこの書簡は、「緊急な気候問題はない。ゆえにパニックや不安に陥る必要はない」、と主張している。

だが、世界各国の人びとは、地球温暖化の煽動に踊らされてパニックや不安におちいっているのではない。アメリカでは強烈なハリケーンにおそわれて甚大な被害を受けこれに苦しんでいるがゆえに、人びとは不安をかきたてられパニックにおちいっているのである。この書簡の執筆者は、現実肯定主義の立場にたっているのであり、この主張は、現に生起している事態をおおい隠すことを意図したものなのである。

また書簡は「地球温暖化によって、ハリケーンや水害、旱魃などが深刻になったり頻度が増えたりした、という統計的な証拠はない」、と主張している。だが、地球温暖化とハリケーン・水害・旱魃などとの関係の統計が問題なのではない。ハリケーン・水害・旱魃などが、現に深刻な被害をもたらしているのである。この現実を見すえ、この事態の原因と根拠を分析することが問題なのである。この主張者は、よく言って、思考法として結果解釈主義におちいっているのである。実際には、彼らは、自己の意図を正当化するために、結果解釈でもって、読む人をたぶらかそうとしているのである。

彼らの意図は、「われわれは有害で非現実的な二酸化炭素ゼロ政策に強く反対する」、ということにある。この書簡を送った科学者たちは、トランプのような権力者と石炭や石油などの産業の独占資本家どもの利害を体現しているのである。

われわれは、いまみたような主張につらぬかれているイデオロギーとその物質的基礎、したがって誰の利害を体現しているのかということを見ぬかなければならない。

われわれは、このような連中とよく似た・現実肯定主義と結果解釈主義の立場に陥落してはならないのである。

二酸化炭素原因説非難論者の誰かが書いていた。プラスチックごみが取りざたされるけれども、プラスチックなしにパルプなどの自然素材だけで必要なものをつくっていたとすれば、それこそいまごろは森林がなくなっているではないか、と。明らかに、彼らは現実を肯定することを意図しているのであり、過去にさかのぼって仮定をつくって解釈しているのである。彼らの論理は、このようなものなのである。資本を増殖するために独占資本家どもがつくりだした・国家独占資本主義固有の大量生産・大量消費・大量廃棄の現実を免罪しおおい隠すためのイデオロギーを、彼らは流布しているのである。

革マル派現指導部の全人類的立場からのアプローチ

革マル派現指導部は言う。

「いまや人類の生存が困難になりつつあるほどに地球環境が破壊されている。こうした事態をうみだしたブルジョア支配階級と残存スターリン主義者の犯罪を暴きだし弾劾しよう！」（『新世紀』第三〇三号、三一頁）と。

また「現代世界は」「戦乱と貧窮と強権支配、環境破壊とＡＩによる〝人間の滅び〟に覆いつくされ、人類の滅亡をもたらしかねない〝暗黒の時代〟の様相を呈している」（「解放」第二五九六号）と。

これは、地球環境の破壊を、超階級的な全人類的立場にたって弾劾するものにほかならない。環境破壊やＡＩを、人類の生存を脅かすもの、〝人間の滅び〟と捉えたうえで、悪いのはブルジョア支配階級であり残存スターリン主義者だ、というように、全人類的な怒りの矛先をこれらの者どもにむけているのである。

だが、環境破壊の害禍は、すべての人びとに一様に降りかかっているのであろうか。

アメリカで以前にハリケーンにみまわれ浸水した低い市街地では、いまなお瓦礫にまみれたままで、ヒスパニック系などの貧しい人びとが生活しているのである。金のある人たちは、さっさと他の地に移り住んでしまった。このゆえにまた、この地に、公共的な資金の援助はなされず放置されてしまった。貧しい人びとだけがその地に取り残されたのである。

ハリケーンの災害の結果それ自体に、階級性が刻印されているのである。その苦しみは、低賃金の労働者たちに集中的におそいかかっているのである。

何千年か何万年か前であったならば、海水面が上昇すれば、その地を捨てて高地に居住地を移すことで済んだ。だが、賃金労働者にとっては、労働力商品の価値にふくまれる住居費部分はそれを許さないのである。

アメリカの相次ぐ山火事は、その地の労働者たちや農民たちの家々を焼き尽くした。けれども、ブルジョアたちや金を貯めこんだ者たちの森の中の高級住宅地の豪邸は無傷で残った。彼らは私設の消防隊を雇っていたからである。消防士たちは、高級住宅地の周りの木々を切り倒し消火剤をまいて、そこだけ火を防いだのである。金持ちたちは分担してそれぞれが、年間百万円相当の金を出しあっているのだという。

こうしたことがらは、いま、気候アパルトヘイトと呼ばれているのだそうである。

これらの事象は、独占資本家どもが、自然的環境を破壊し、生活諸条件の面においても、自分たちが搾取している労働者たちに犠牲を強いたうえで、資本の増殖に狂奔している、ということを、まざまざとしめしているのである。

このことからしても、革マル派現指導部の「人類の生存が困難」という把握は没階級的なものであり、環境破壊反対の闘いを全人類的立場からのものに歪曲するものであることは、明らかなのである。

いまは、災害がどのように降りかかるのかという面からみたにすぎない。独占資本家どもは、資本の増殖を目的として生産を拡大するために、森林の木を切り倒し、山を掘り崩し、有害な工場廃水を垂れ流し、有毒なガスや二酸化炭素をまき散らしてきたのである。彼らは、生産そのものにおいて、地球環境を破壊してきたのである。

まさにこのゆえにこそ、われわれは、プロレタリアートの立場にたって、労働者たちと、自分たちの未来に不安を抱く若者たち・高校生たち・中学生たちとを、ともに組織しその合流をかちとるかたちで、地球環境破壊反対の闘いを展開していかなければならない。

現存政府へのお願いの運動をのりこえてたたかおう

世界各国の中高生・大学生・若者たちは、自分たちがこれから生きていく地球が汚染されている、という危機意識と怒りに燃えて、二酸化炭素削減を要求し、環境破壊を平気でおこなっている者たちへの抗議の闘いを展開している。

彼らの弾劾は、地球が温暖化しているということそれ自体を否定し・化石燃料の消費を平然と増やしている・アメリカのトランプや世界各国の諸企業にたいしてはラディカルである。このゆえに、彼らはトランプやプーチンに憎まれている。ブラジルの大統領は、自分が大人げないとおもわれることをも顧みずに、グレタさんを「ガキ」と非難した。彼女は、自分のブログ名をポルトガル語で「ガキ」と書き換えた。

若者たちは、抗議の大衆的なデモンストレーションを展開しているとしても、二酸化炭素削減を提唱している西ヨーロッパ諸国の政府が国連においてがんばってくれることに期待し、各国の政府と諸企業が態度を改めてくれることに望みを託している。

だが、資本主義の政治経済構造の危機をのりきるために、生産の対象的諸条件をなす自然を破壊的に奪取し、そして生産の主体的諸条件をなす生きた労働力を不具となるほどまでにこき使って、大量生産・大量消費・大量廃棄を特質とする国家独占資本主義の政治経済構造をつくりあげてきたのが、アメリカ、日本、そして西ヨーロッパ諸国の独占資本家どもとその利害を体現する権力者どもなのである。また、こうした国家独占資本主義の政治経済構造を模倣して、それまでのスターリン主義的政治経済体制の解体のうえに国家資本主義という経済形態をうちたて、自然的諸条件の強奪と生きた労働の極限的搾取に狂奔してきたのが、中国とロシアの、資本家的官僚どもおよび官僚資本家どもなのである。

これらの諸政府が、二酸化炭素削減の態度をとるのか、それともそれに背を向ける態度をとるのかは、労働者・勤労者や若者たちの怒りをおそれて、これまで自分たちがうみだしてきた結果を弥縫することを企てるのか、それとも、その怒りを見くびって、従来どおりの行動をしつづけるのか、という違いであるにすぎない。

若者たちは、一切の諸政府と諸企業に期待を寄せてはならない。

しかもまた、国連の諸機関や各国政府のなかでは、原子力産業の独占資本家どもの利害を体現する者どもや石炭・石油産業の独占資本家どもの利害を体現する者どもが幅を利かせているのである。前者の者どもは、二酸化炭素を削減するために原子力発電を推進しよう、と叫び、後者の者どもは、地球は温暖化していない、二酸化炭素原因説はうそっぱちだ、もっとも安上がりな石炭をもっと使おう、と叫ぶのである。

こうした者どもの諸策動をあばきだし、二酸化炭素の排出に反対すると同時に原子力発電にも反対して、労働者・勤労者と若者たちとの団結した闘いをつくりだしていかなければならない。

若者たちが期待を寄せるべきなのは、独占資本家どもやあるいは官僚資本家どもによって搾取され苦しめられている労働者たちなのであり、若者たち自身が、現代社会の変革の主体たる労働者の立場にたって、若者たちと労働者たちとの団結のもとにたたかいぬいていくのでなければならない。

エネルギー問題へのすりかえに惑わされてはならない

二酸化炭素削減を叫ぶのであれ、地球温暖化はうそっぱちだと叫ぶのであれ、政治家たちや科学者たちは、地球を破滅から守るためには、それにふさわしいエネルギー源を確保し開発することが必要だ、と言う。人類の未来の発展のためには核融合技術を開発しなければならない、いや持続可能な社会をつくるためには再生可能エネルギーを増やさなければならない、いやいや、石炭がもっとも安く・埋蔵量も多いのであり石炭を持続的に活用していかなければならない、などなどというのが、彼ら政治家たちや科学者たちの主張なのである。

だが、このような主張は、これまで地球環境を破壊してきたその根源を見ていないものである。独占資本家どもや官僚資本家どもが、資本の増殖のために、人びとに浪費をうながし、すぐに捨て去る物を生産するために、森林の木を切り倒し、工場の排気ガスや廃棄水を空中や海に放出してきたことが、地球の温暖化をもたらし、低賃金の労働者たちに過酷な居住条件のもとで暮らすことを強要している根源なのである。

エネルギー問題が問題だ、と主張するのは、このような資本の凶暴な利潤追求をおおい隠し、独占資本家どもや官僚資本家どもを免罪するものなのである。

考えてみよう。

他国をうち負かし・膨大な利潤を得るための、軍備の増強および軍需生産の拡大と戦争の遂行こそが、もっとも地球環境を破壊してきたのであり、いままさに破壊しているのである。爆弾の炸裂や地雷によって、人びとの生活する地が奪われ、穀物を生産する農地が破壊されているのである。軍需生産のための重工業によってこそ、もっとも多くの石炭や石油が消費され、二酸化炭素を排出しているのである。

資本主義の矛盾をのりきるための、流行の煽動にもとづく大量生産・大量消費・大量廃棄こそが、化石燃料の消費であれ、原子力による発電であれ、膨大なエネルギーを浪費してきたのである。

これらのことを不問に付して、エネルギー源の種類の変更を語るのは欺瞞である。

このようなエネルギー問題へのすりかえを許さず、若者たちは、賃金労働者・勤労民衆と団結して、独占資本家どもと官僚資本家どもによる・資本の増殖のための地球の自然的諸条件の破壊に断固として反対していかなければならない。

二〇一九年一二月一九日

〔2〕 異常気象にかんしての・エネルギー保存の法則を適用しての考察

現下の異常気象と呼ばれるものにかんしての私の原理的な考えをのべる。

われわれが直面したところの・日本の大水害をひきおこした台風の変容などは、異常気象と特徴づけることができる。この台風の変容の要因は日本近海の水温の相対的上昇にあることにしめされるように、もろもろの気象の変貌の根拠は地球の温暖化が跛行的に進行していることにある、と分析することができる。

現時点の地球の気候を措定するならば、これを規定する自然的要因にかんして、もっとも信頼するに足る仮説は、太陽の活動の変化を基本的なものと考える理論である。

太陽の活動が変化することによって、太陽から地球に到達するエネルギー量が増減する、と同時に、地球をとりまく磁場に変化がひきおこされ、太陽系外から地球に降り注ぐ宇宙線の強度が変化する。この宇宙線（これが大気の原子にあたって荷電粒子のシャワーとなった・そのような宇宙線）が、エアロゾルを核として水蒸気（H_2O）分子が凝結することに作用をおよぼす。このことによって、生成される雲の量が変化し、雲による日傘効果が変化する、というものがそれである。

この理論を現実の分析に適用するならば、いまは太陽の活動が弱まっているのであり、地球は寒冷化の傾向をしめす、という結論がみちびきだされる。ところが、現在直下では、地球の温暖化が跛行的に進行している。そうすると、この差は、今日の現代帝国主義世界の階級的人間の活動によって引き起こされているものである、ということができる。

ここで、自然的要因に規定されて引き起こされる地球の気温の変化にかんしては、これを前提として、――これを基底として・これのうえに――階級的人間の活動によってもたらされる気温の変化だけを考察する。

エネルギーの形態変化とエネルギーの量という観点から考察するならば、石炭や石油などの化石燃料は、過去において蓄積された太陽エネルギーである、ということができる。これを燃やすことは、蓄積されたエネルギーをいま解き放っている、ということになる。したがって、これは、いま太陽から降り注ぐエネルギーの量を超えて、人間が地球表面のエネルギーの量を増やしていることになる。原子力の利用は、原子核にとじこめられていたエネルギーを、人間が地球表面に放出しているということである。これらのエネルギーは、地球表面では最終的には熱エネルギーとなる。このエネルギーの一定部分は、電磁波（輻射エネルギー）として宇宙空間に放出されるのであるが、このように輻射の増大というかたちで均衡がとれるまで気温は上昇する。

ところで他方、独占資本家的人間による森林の破壊は、いま太陽から降り注いでいるエネルギーの現在的な蓄積を阻害する。植物による光合成は、炭水化物というかたちで太陽エネルギーを封じこめ蓄積していることを意味するのである。森林の破壊は、エネルギーのこの蓄積を減少させるのであり、その差が熱エネルギーとしてただようことになるのである。

これが、エネルギーの解き放ちと蓄積にかんしての・エネルギー保存の法則を適用しての原理的な考察である。

さらにこれにくわえて、ヒートアイランド現象と二酸化炭素の分布の偏りということを考えなければならない。都市は、コンクリート・アスファルトジャングルであること、および、資本家的工場や家庭からの熱の放出、これらに規定されて、気温が相対的にきわめて高くなる。しかも工場や自動車から二酸化炭素が大量に放出されつづける。この二酸化炭素は、森林や海に吸収されるとしても、――都市では二酸化炭素は放出されつづけるのであり、この二酸化炭素は徐々に都市から森林や海に拡散していくのであるからして、――都市でのその濃度が相対的に高いことが維持される、といってよい。この両者が重なり合って、都市部での温室効果がきわめて高くなっている、とみなければならない。

それとともに、このことが雲の生成の度合に影響していないのか、ということが問題となる。学者たちは、低い雲は日傘効果の方が強く、高い雲は温室効果の方が強い、と言っているのであるが、昼と夜とでの雲のはたす役割の違いについて学者が論じた文章を私はまだ見たことがない。宇宙線によって低い雲が生成される、とされるのでこの低い雲にかんする考察が重要なのであるが、この低い雲は昼には日傘効果をはたすのであり、夜には温室効果をはたすのである。冬に、曇っている夜は放射冷却が弱く温かい、というのがそれである。もしも、ヒートアイランド現象などということとからみあって、都市部では、昼よりも夜に雲ができる度合いが従来よりも相対的に大きくなる――たとえば、昼から夜への気温の急激な変化に規定されて、というようなことでもって――、というようなことがある、とするならば、都市部での温室効果が相対的に大きなものとなるのである。これは、科学的な仮説ともいえない・たんなる仮定にすぎない。

何はともあれ、人間と自然との物質代謝の・独占資本家的形態および国家資本主義的形態は、森林破壊という決定的な問題を引き起こしている、ということが重要なのである。

西ヨーロッパ諸国の権力者および彼らの意を体した自然科学者たちが、このように分析することを無自覚的ないし自覚的に回避し、大気中の二酸化炭素濃度の均等な増大を想定するのは、このような分析にふみこむならば、今日の独占資本家的物質文明そのものを、すなわち森林破壊および都市と農村との深刻な対立をもたらしている今日の政治経済構造そのものを否定しなければならなくなるからなのである。彼らがこのことを明確に自覚しているわけではないとしてもそうである。彼ら自然科学者たちはその研究に、そして権力者たちはこの研究成果の利用に、現存するブルジョア支配秩序を維持するという階級的価値意識をつらぬいているのだからである。

二〇二〇年一月一三日

〔3〕「脱成長コミュニズム」というマルクス解釈

斎藤幸平『人新世の「資本論」』に意義があるとすれば、それは何か

斎藤幸平『人新世の「資本論」』（集英社新書、二〇二〇年刊――本書からの引用は頁数のみを記す）のマルクスにふれているあたりを読んだ。

「物質代謝」（『資本論』の労働過程論におけるそれ）とヴェラ・ザスーリッチへの手紙がでてきたので、オッとなった。しかし、それだけであった。そのあとを読みすすめても、晩年のマルクスを、エコロジーの観点から解釈しているだけであった。それは、マルクスのプロレタリア世界革命の立場と、革命の主体たる労働者階級にかんする考察を無視抹殺し抜き去ったうえでの解釈でしかない。

もしもこの本に意義があるとするならば、それは、資本主義であるかぎりは地球環境問題を

解決することはできない、という著者の叫びである。だが、現代資本主義をその根底から転覆する革命の主体は、あくまでもプロレタリアートなのである。

現代の人びとに、市民として声をあげることを呼びかけるにとどまってはならない。労働者たち・勤労者たちに、みずからをプロレタリア＝賃金労働者として自覚し、階級闘争に決起することを呼びかけなければならない。

プロレタリアの労働を疎外された労働としてあばきだし、その根底につかみとった労働の本質形態、この労働の本来の姿を実現することを、終生めざしたのが、マルクスだったのだからである。

晩期のマルクスがめざしたもの

斎藤幸平が『人新世の「資本論」』で展開している内容は、晩期マルクスのエコロジー的解釈といえるのであるが、そういって切って捨てるにはもったいないものをふくんでいる。

われわれが、現代の問題への鋭敏な感覚と、マルクスへの創意的な問題意識をもつならば、この人物の危機意識を共有し、彼の問題提起を深化し発展させていくことができる、と私はおもうのである。

以下、アットランダムに考えていきたいとおもう。

彼は、晩期のマルクスは、若いころの「生産力至上主義」と「ヨーロッパ中心主義」をひっくりかえし、「脱成長コミュニズム」を明らかにしたのであり、これはその直前の「エコ社会主義」をものりこえたものだ、という。

マルクス解釈家のこのような主張は、現代資本主義による自然の破壊への強い弾劾の意志と、マルクスから何としても学ぼうとする・あくなき探究の姿勢に満ちている、といえる。

だが、それにもかかわらず、彼は、マルクスにかんしてのこれまでの研究から得た自分自身のこれまでのマルクスの理解を否定的にふりかえっていない。彼は、自己否定の立場にたっていないのである。彼には、一九八七年生まれという若い自己には、マルクスにかんする研究について自分がなおつかみえていないものがあるのではないか、という・自己への疑いがないのである。

『共産党宣言』におけるマルクスは、生産力至上主義だった、と彼は言う。そのような理解は、生産力の階級的な被規定性を没却した・スターリン主義者の生産力主義にもとづく解釈だ、という自覚が彼にはない。

このことの反面は、人間と自然にかんするマルクスの考察のつかみとり方の底の浅さである。彼は、マルクスは『資本論』において「人間と自然との物質代謝」というかたちで、はじめてこの問題を考察したのだ、という。若きマルクスが『経済学・哲学草稿』において、この問題を「完成された自然主義＝人間主義、完成された人間主義＝自然主義」というかたちにおいて追求していたのだ、ということを、彼は何ら省みてはいないのである。彼がこのことを知らなかったのだとしても、それはそれでいい。自分には、マルクスについてつかんでいないものがある、という自覚を彼がもっていないことが問題なのである。マルクスにかんするスターリン主義的な理解をもって、自分がマルクスを知りえているかのように思っていることが問題なのである。

プロレタリアの労働を疎外された労働としてあばきだすことをとおして同時に、その根底に労働の本質形態を、すなわち、人間的自然が外的自然に働きかけこれを変革すると同時におのれ自身の自然をも変革していくという、人間の種属本質をつかみとり、これの実現をマルクスはおのれのイデーとしたのだ、ということ、そしてこの人間労働の本質的なつかみ方は、自然主義＝人間主義という思想に裏打ちされているのだということ、このようなことをつかみとっていく方向性をもつ・自己否定的な立場が、この若きマルクス解釈家には欠如しているのである。

たとえそうであったとしても、「人間と自然との物質代謝」という、人間労働にかんするマルクス的把握に彼が着目しえたことに、人間と自然との物質代謝の国家独占資本主義的（米欧日）および国家資本主義的（中露）な疎外形態をあばきだし、これをその根底から変革するバネを、私は見いだし、彼に期待したいのである。

マルクスは、リービッヒの農業理論や膨大な自然科学の理論に学んで、資本主義は自然を破壊してしまうということを自覚し、「脱成長コミュニズム」に到達したのだ、とわがマルクス解釈家は言う。

だが、この主張は、マルクスの努力に依拠しようとするあまりに、マルクスの研究の方法と姿勢に学ぶのではなく、マルクスが残した膨大なノートの抜粋文の内容に学ぶものとなっている、といわなければならない。

今日において、現代帝国主義および中露の国家資本主義が、どのように自然を破壊しているのかということを、自然科学的にも社会科学的にも下向的に分析する、ということが彼には欠如しているのである。このことは同時に、自然を破壊する要因となっているところの、人間と自然との物質代謝の国家独占資本主義的形態および国家資本主義的形態の問題をあばきだしほりさげていく、ということが欠落しているということでもある。

彼は、地球温暖化の原因を常識的に二酸化炭素の増大に見いだしているにすぎない。もちろん、だからといって代替エネルギーの開発に救いを求めるのではなく、「資本主義的成長」そのものが問題なのであり、これを断ち切るべきだ、「脱成長コミュニズム」をめざさなければならない、としていることが、彼のすぐれたところではある。

だが、今日の浪費の生産、すなわち、大量生産・大量消費・大量廃棄という国家独占資本主義の過剰資本の処理の形態こそが、エネルギーの大量消費を生みだしているのであり、地球の温暖化・森林の破壊・酸性雨やマイクロプラスチックのような汚染物質の増大などの根源をなすのだ、ということを、彼はあばきだしてはいないのである。

考えてみよう。

地球上の全生物は、その誕生から今日まで、太陽からふりそそぐエネルギーの恩恵をうけて生存し進化してきた。太陽からのエネルギーの変化に応じて、地球の大気は変化し気候は変動してきた。

資本主義社会になってからの階級的人間が――自然の自然的な変化にくわえて――自然におよぼした影響は、太陽から今ふりそそぐエネルギーを超えて潜在的なエネルギーを地球上に解き放ったことにある。

石炭や石油は、過去の太陽エネルギーが蓄積していたものである。これを燃料として使うことは、蓄積されていたものの現在的な大量放出となる。二酸化炭素の生成だけが問題なのではない。蓄積されていたエネルギーの放出そのものが問題なのである。

原子力の使用は、原子核に潜在していたエネルギーの解き放ちである。原子力発電の冷却水の海への放出が温暖化の要因となる、というだけの問題ではないのである。この発電にもとづく電気エネルギーの使用そのものが、地球の温暖化をもたらすのである。

太陽からふりそそぐエネルギーを超えるエネルギーの地上での解き放ちは、宇宙空間への放射エネルギーの増大というかたちで・エネルギーの解き放ちと放射の均衡がとれるまで、地面および大気の温度の上昇をもたらす。

しかも森林の資本家的破壊は、光合成というかたちでの太陽エネルギーの蓄積を阻害する。さらに、二酸化炭素は、資本制的工業がおこなわれる工場地や人びとが資本主義的消費生活を営む市街地において不断に生成され、ヒートアイランド現象も起こる。二酸化炭素の大気中での均一な増大を想定するのは観念的なのである。二酸化炭素の増大も、地球の温暖化も跛行的に進行しているのである。昨秋の大水害は、こういうことを根源としているのである。

気候の変化にかんするブルジョア的な現象論的研究は、こういうことについて何ら考察していないのである。

このような気候の変化にかんする現在的な分析をわがマルクス解釈家がおこなっていないことが、大きな問題なのである。

資本主義をくつがえし、「脱成長コミュニズム」を実現しよう、と彼が言っても迫力がないのは、このことにもとづくのである。

わが仲間からの意見

私がブログに掲載した「『人新世の「資本論」』に意義があるとすれば、それは何か」という文章について、わが探究派の仲間の今出連太郎さんから批判の意見が寄せられた。私のその次の記事「晩期のマルクスがめざしたもの」はまだ読んでいないときに書いたものだ、ということであった。

私もまた、斎藤幸平の論を切って捨てるにはもったいない、と思い、ほりさげていくように考えはじめていたところだったので、今出さんと私の思いは相通じたのだ、と私も彼も感じた。

今出さんの問題提起を読み、斎藤幸平が追求しているものをどう捉えほりさげていくのかを、私は考えていこうと思う。

斎藤幸平『人新世の「資本論」』に学んで

今出連太郎

上記の書籍についての□□さんのブログにおけるコメントでは「晩年のマルクスをエコロ

ジーの観点から解釈しているだけであった」とするものでした。しかし、これでは斎藤氏の言わんとするところを〝単純化〟する誹りを免れないものではないでしょうか。確かに、斎藤氏の追求はマルクスのプロレタリア世界革命の立場と、その革命の主体たる労働者階級に関する考察を「無視・抹殺し、抜き去ったうえでの解釈でしかない」と言えなくはないとは思いますが、あくまでも学者の立場からの提言であるとはいえ米・英・日らの独占資本家や権力者らの新自由主義イデオロギーとその策動を「技術開発」による「資本主義の加速主義」と分析しかつ、気候変動危機、およびコロナ危機下の現状を抉り出し、それの解決方向を見出そうとする真摯な努力には感心させられもします。また、『資本論』第一巻刊行後におけるマルクスのゲルマンやロシアの共同体研究やコミュニズム思想の豊富化の成果に踏まえた方針を解明しようとする斎藤のそれには教えられるところも多々ありました。気候変動危機を逆手に取ったブラジル大統領のアマゾン森林伐採などのエコファシズムや、「コロナ危機」への対処・対策における「中国、台湾などの気候毛沢東主義」などの分析については学ぶべきものもあるのではないかと思いました。

また、特にマルクスの共同体研究の分析のところを読んで自分が住んでいた隣地が資本主義的巨大工場に変貌していく様を目の当たりにしてきた者としては感慨深いものがありました。私の生まれたところは元々は農村であり、かつ降水量が少ないために飲み水や農業用水の確保のために古くから溜池や井戸をたくさん作り、それらを地域毎に共用・共同管理してきました。しかし、巨大製紙工場からの苛性ソーダの排水で町内に一本しかない川が汚染されたばかりか子供たちの遊び場所でもあった井戸や溜池もいつの間にか使えなくなってしまいました。

斎藤氏はこれらの『公共』をマルクスの言う「潤沢なコミュニズム」のコモンとして明らかにし、それを「脱成長のコミュニズム」として、「技術開発」重視の新自由主義の「加速主義」に対抗するものとして位置づけその復活を提言しています。かつては農民たちが「共同で管理」したのですが、斎藤氏は、その新しいコモンの担い手としてその地域に住む「市民」を位置づけています。「脱成長で長時間労働から解放された労働者」もその主要な担い手として位置づけています……。ともあれ晩期マルクスの研究の成果をもとにマルクスが「成長至上主義から思想転換を遂げた」と評価する斎藤氏。彼が「成長至上主義の怪物」と規定するソ連・スターリン主義には絶対に「くみしない」人のようです。海外生活が長く、残念ながらそれゆえ（?）、われわれの「反スタ・マルクス主義」についても「スターリン主義」の亜流と受け取ってもいるようです。そうであるならばわれわれの「真実のマルクス主義」復活の訴えを呼びかけてみる必要もあるのではないかと愚考する次第です。

二〇二〇年一〇月末

対抗軸を設定する単純な思考法

わが「脱成長コミュニズム」の提唱者の思考法は、二者の対抗軸を設定する、という単純なものである。

経済成長か脱成長か、加速主義か減速主義か、「価値」の優先か「使用価値」の優先か、欠乏の資本主義か潤沢なコミュニズムか、生産力至上主義かその否定か、ヨーロッパ中心主義かその否定か、という問題の立て方にしめされる思考法が、それである。

ここにつらぬかれている論理は、マルクス的な唯物弁証法ではないというばかりではなく、観念論的な弁証法でさえもなく、形式論理である。このような把握の仕方は、立体的ではないというばかりではなく、平面的でさえもなく、一次元的である。

経済成長という一本の直線を描いて、これの右側に矢印をつけるのか、それとも左側に矢印をつけるのか。右側に矢印をつけて経済成長をめざすのか、左側に矢印をつけて脱成長をめざすのか。右側に矢印をつける経済成長の加速主義か左側に矢印をつける減速主義か。——このような問題の立て方においては、現在の経済成長そのものに刻印されている階級性の把握が欠如しているのである。

生産力が増大し経済が成長すればどうしてもこうなる、というように現にうみだされているものを描いたうえで、だから脱成長をめざさなければならない、減速主義でなければならない、という結論をみちびきだすのが、わがマルクス解釈家なのである。

資本主義のもとでは、儲けることが優先されるとか、シーズンごとに捨てられる服が生産されるとかということが指摘されるとしても、それは、結局のところ、「生産力の無尽蔵な増大によって引き起こされている環境危機の深刻さ」、「経済成長を優先した地球規模での開発と破壊」というように、生産力を増大させるのか否か、経済成長を優先させるのか否か、という問題に、すなわち矢印を右につけるのか左につけるのかという問題に帰着させせられてしまうのである。浪費を生産するところの今日の資本主義の政治経済構造はどのようなものであるのか、というようにほりさげていくことは何らなされないのである。

この人物が駆使する論理がきわめて単純なものであるということは、「価値」を優先するのか「使用価値」を優先するのかという彼の問題の立て方をみれば、すなわち、「資本主義においては、商品の「価値」の論理が支配的となっていく」などと語ることをみれば、よくわかる。

商品は使用価値と価値との直接的統一をなすのである。統一されているところの商品の二契機を分離して、どちらを優先するのかと問題にしたり、「価値」の論理といったものをこしらえあげたりするというのでは、マルクスを理解する論理的能力がない、といわなければならない。「使用価値」を優先すれば「価値」増殖を止めることができる、というような話ではないのである。商品の使用価値は価値と統一された使用価値である。これは、商品ではないところの生産物の使用価値とは異なる。後者は、使用価値としての使用価値、すなわち使用価値一般をなす。労働の生産物がもはや商品とはならず、使用価値としての使用価値という規定をうけとる社会を実現するためには、資本による賃労働の搾取の関係をなす資本制生産関係を転覆しなければならない。

水などの自然物を無償で潤沢に使っていた「コモンズ」、すなわち公共体＝地域協同体のようなものを想定し、このようなものを地域の市民たちが今日的に創造していくことを夢想するのは、わがマルクス解釈家が、資本によって搾取されている賃労働者の立場にたって考えているのではないからであり、賃労働者に賃労働者としての自覚をいかにうながしていくのか、というように発想していないからなのである。

マルクスの真髄をぬきとるための「コモン」

「脱成長コミュニズム」を提唱する斎藤幸平の基本的な考えは、「〈コモン〉という第三の道」「地球を〈コモン〉として管理する」というものである。

このマルクス解釈家は言う。

「近年進むマルクス再解釈の鍵となる概念のひとつが、〈コモン〉、あるいは〈共〉と呼ばれる考えだ。〈コモン〉とは、社会的に人々に共有され、管理されるべき富のことを指す。二〇世紀の最後の年にアントニオ・ネグリとマイケル・ハートというふたりのマルクス主義者が、共著『〈帝国〉』のなかで提起して、一躍有名になった概念である。

〈コモン〉は、アメリカ型新自由主義とソ連型国有化の両方に対峙する「第三の道」を切り拓く鍵だといっていい。つまり、市場原理主義のように、あらゆるものを商品化するのでもなく、かといって、ソ連型社会主義のようにあらゆるものの国有化を目指すのでもない。第三の道としての〈コモン〉は、水や電力、住居、医療、教育といったものを公共財として、自分たちで民主主義的に管理することを目指す。

より一般的に馴染みがある概念としては、ひとまず、宇沢弘文の「社会的共通資本」を思い浮かべてもらってもいい。」（一四一〜一四二頁）

このような考えは、アメリカ型新自由主義とソ連型社会主義にたいして強い否定感があるとしても、マルクスの再解釈と称して、マルクスのマルクス主義の真髄をぬきとるものなのである。

マルクス＝エンゲルスのプロレタリアートの自己解放の理論、したがって同時にプロレタリアート独裁の理論、これを抹殺するために企てられているのが、このような試みなのである。このような試みは、これまでいろいろな色彩をもって幾度となくくりかえされてきた。斎藤幸平の主張は、そうしたものの・ソ連崩壊以後の一種にすぎない。

私は、ネグリの書はくだらないものと思って読まなかった。斎藤の主張がネグリの主張の焼き直しであるのだとするならば、その元の方を読まなければならないのかもしれない。しかし、それは後回しにするので良いであろう。斎藤のこの書を検討する価値があるのは、彼が、晩年のマルクスのノートをいろいろと解釈していることにあるからである。

たちもどるならば、マルクスとエンゲルスが明らかにしたのは次のことであった。

プロレタリアートはみずからを階級として組織し、階級として組織されたプロレタリアートはみずからを支配階級にたかめる。すなわち、ブルジョア国家権力を打倒しプロレタリア権力を樹立する。この権力の本質は、支配階級として組織されたプロレタリアート、プロレタリアード独裁である。このプロレタリア国家は生産諸手段をブルジョアジーから収奪しみずからが所有することを物質的基礎として、生産および分配を計画的に遂行する。この国家は、階級そのものの廃絶とともに死滅し、生産手段の共同所有にもとづく共産主義社会（その第一段階および第二段階の両者をふくむ）が実現される。

このプロレタリアートの自己解放の理論的解明から、プロレタリアート独裁の樹立という結節点をぬきさり、共産主義社会がよってもってたつ生産手段の共同所有をふやけたものにとって替える、ということのためにもちだされているのが、〈コモン〉なるものなのであり、〈共〉なるものなのである。マルクスとエンゲルスとが、共産主義社会において実現されるべき根源的な所有関係として明らかにしたところの生産手段の共同所有、このようなかたちで共同体的に所有された生産手段を、資本主義社会における社会的共通資本と同じようなものとして描きあげるためにこしらえあげられたのが〈共〉なるものなのであり、さらには、このようなものを、資本によって破壊された・農民たちの村落共同体が管理し利用する入会地の現代的再創造にあたるものとして基礎づけるためにわがマルクス解釈家がもちだしているのが〈コモン〉なのである。彼にとってこの〈コモン〉という用語が好都合なのは、入会権をさす英語が「コモン」なのであり、晩年のマルクスは、ロシアのミールやドイツのマルクといった農耕共同体にかんする膨大な抜粋ノートを残していたからなのである。

通俗的英語頭

わがマルクス解釈家は、自己の〈コモン〉という概念を基礎づけるためにマルクスの文章を引用する。それは、『資本論』第一巻第二四章からのものである。かの有名な「否定の否定」

のくだりが、それである。

「この否定の否定は、生産者の私的所有を再建することはせず、資本主義時代の成果を基礎とする個人的所有をつくりだす。すなわち、協業と、地球と労働によって生産された生産手段をコモンとして占有することを基礎とする個人的所有をつくりだすのである。」（一四三頁）

この部分は、青木書店版の長谷部文雄訳では次のようになっている。

「これは否定の否定である。この否定は、私的所有を再建するわけではないが、しかも、資本主義時代に達成されたもの――すなわち協業や、土地・および労働そのものによって生産された生産手段・の共有――を基礎とする個人的所有を生みだす。」（一一六〇頁）

長谷部が「共有」と訳しているところを、斎藤は「コモンとして占有すること」と訳しているわけなのである。

ドイツ語の解るわが仲間に、マルクスの原典では、このくだりは、「des Gemeinbesitzes der Erde und ……」である、ということを教えてもらった（土地と訳すべき Erde を地球と訳しているのは、いかにもエコロジストらしいのであるが）。ゲマインベジッツは、そのまま日本語に訳せば、共同占有、あるいは共同体的占有である。アイゲントゥム＝所有、ベジッツ＝占有、アナイグヌング＝取得にかんするマルクスの規定にのっとれば、ここは占有と訳すべき

ことになる。（黒田寛一『資本論以後百年』の注参照）

わが仲間は、英語版をも調べてくれた。エルネスト・マンデル監修の英語版（ペリカンブックス）では、当該箇所は第一巻の第三二章に配されており、私にとってはおどろくべきことに、この部分は「the possession in common of……」となっている、ということであった。「common」という語がつかわれているのである。

わがマルクス解釈家は、英語圏におけるこのような用語法にふまえて、「Gemeinbesitzes」を「コモンとして占有すること」というように訳したのだ、とおもわれるのである。

だが、このような訳し方は、「common」という英語にふくまれるいろいろな意味を利用して、マルクスの言葉を手前みそに解釈し、マルクスの概念を歪曲したものである、といわなければならない。「Gemeinbesitzes」を日本語のカタカナで「コモン」なにがしと表記するならば、その意味内容は、マルクスの概念とまるで違うものとなるのである。

ゲマインベジッツは、日本語では共同占有ないし共同体的占有であり、ゲマインアイゲントゥムは共同所有ないし共同体的所有であって、それらは、疎外されざる社会における占有や所有の形態、すなわち占有や所有の本質形態の規定をなす。ゲマインアルバイトは共同労働ないし共同体的労働であり、疎外されざる労働、つまり疎外されざる社会における労働、すなわち、プロレタリアの疎外された労働の根底につかみとられるところの労働の本質形態の規定をなす。さらに、ゲマインデは疎外されざる共同体、すなわち共同体の本質形態の規定をなす。

これらの諸規定は、社会共通資本や公共的なものといった、資本主義社会に現存在するものの規定と共通な規定をなすものとしてあつかわれている〈コモン〉とか〈公〉とかとは、まったく異なるのである。

それにもかかわらず、疎外されざるものにかんするマルクスの規定を、資本主義社会に現存在するものの規定と共通なものに貶めるのは、資本主義社会における公共的なものの量的拡大をもって「コミュニズム」といいくるめることを意図するもの以外のなにものでもない。

問題意識のうすっぺらさ

わがマルクス解釈家は、マルクスのヴェラ・ザスーリッチへの手紙に着目しているにもかかわらず、そしてマルクスはヨーロッパ中心主義を克服したのだ、と言っているにもかかわらず、彼の問題意識はうすっぺらい。

彼の言うようなことがらを考察することを意志するのであるならば、マルクスはこの手紙およびその下書きにおいておのれ自身の何を克服しようとしたのか、ということが問題意識としてうかびあがるはずなのである。けれども、これがこの人物にはない。マルクスはヨーロッパから視野をひろげたのだ、という程度のことしか、彼の頭にはない。

マルクスはヴェラ・ザスーリッチへの手紙において次のように書いたのであった。

「……私の学説と言われるものにかんする誤解についていっさいの疑念をあなたから一掃するには、数行で足りるだろうと、思われます。

資本主義的生産の創生を分析するにあたって、私は次のように言いました。

「資本主義制度の根本には、それゆえ、生産者と生産手段との根底的な分離が存在する。……この発展全体の基礎は、耕作者の収奪である。これが根底的に遂行されたのは、まだイギリスにおいてだけである。……だが、西ヨーロッパの他のすべての国も、これと同一の運動を経過する。」（『資本論』フランス語版、三一五ページ）

だから、この運動の「歴史的宿命性」は、西ヨーロッパ諸国に明示的に限定されているのです。このように限定した理由は、第三二章の次の一節のなかに示されています。

「自己労働にもとづく私的所有……は、やがて、他人の労働の搾取にもとづく、賃金制度にもとづく資本主義的私的所有によってとって代わられるであろう。」（前掲書、三四一ページ）

こういうしだいで、この西ヨーロッパの運動においては、私的所有の一つの形態から私的所有の他の一つの形態への転化が問題となっているのです。これに反して、ロシアの農民にあっては、彼らの共同所有を私的所有に転化させるということが問題なのでしょう。

こういうわけで、『資本論』に示されている分析は、農村共同体の生命力についての賛否いずれの議論にたいしても、論拠を提供してはいません。しかしながら、私はこの問題について特殊研究をおこない、しかもその素材を原資料のなかに求めたのですが、その結果として、次のことを確信するようになりました。すなわち、この共同体はロシアにおける社会的再生の拠点であるが、それがそのようなものとして機能しうるためには、まずはじめに、あらゆる側面からこの共同体におそいかかっている有害な諸影響を除去すること、ついで自然発生的発展の正常な諸条件をこの共同体に確保することが必要であろう、と。」(『マルクス＝エンゲルス全集』第一九巻、大月書店、二三八〜三九頁)

ここでマルクスは、「この運動の「歴史的宿命性」は、西ヨーロッパ諸国に明示的に限定されている」と言っているにもかかわらず、この問題について、わがマルクス解釈家は何ら考察していないのである。

マルクスがこの「限定」を明らかにするために提示しているところの「自己労働にもとづく私的所有……」というのは、わが解釈家が自己の〈コモン〉概念を基礎づけるために手前みそに訳した・かの否定の否定のくだりの出発点をなす規定である。ヴェラ・ザスーリッチへの手紙について言及しているにもかかわらず、かのくだりを自己の主張を正当化するために引用するだけで、マルクスその人がつけている「限定」にかんして考察しないばかりではなく、紹介もしない、というのは、あまりにもご都合主義ではないだろうか。

このご都合主義は、意図的なものではなく、この人物自身の問題意識のうすっぺらさと論理的な思惟能力のなさにもとづくものであるといわなければならない。

私は、「明示的に限定されている」という強い表現を、マルクスの自己超出の意志の表出として、すなわち、かの否定の否定の展開の出発点に「自己労働にもとづく私的所有」という・単純商品生産者にかんする規定をおくことそれ自体を、この否定の否定のテーゼの適用限界を明示するというかたちにおいて、根本から問いなおし検討する意志を表明したものとして、うけとめ理解するのである。

この否定の否定のテーゼとこれにいたる論述にかんしては、宇野弘蔵が、単純商品生産者からなる一社会を想定しこれから資本制生産への直接的で連続的な発展を説くものである、と批判したのであった（『社会科学の根本問題』）。黒田寛一は、このテーゼをもとにしてみちびきだされたエンゲルス命題、すなわち、「社会的生産と取得の資本制的私的性格との矛盾」という命題にはらまれている問題性を明らかにしたのであった（『資本論以後百年』）。

私は、これらに学びつつマルクスの展開を検討した結果として、マルクスは、単純商品者からなる一社会を想定したのではなく、単純商品生産者にかんする規定をなす「自己労働にもとづく私的所有」という規定を出発点にして、かの否定の否定のテーゼをつくったのだ、と考えるのである。資本の根源的蓄積過程にかんするマルクスの解明の全体から捉えかえすならば、彼は、封建制度のもとにあった農民の共同体を解体して資本制生産が誕生する過程を明らかにしているのであって、単純生産商品者からなる一社会を想定しているとは、私にはおもえなかったからである。商品生産の発展という観点からマルクスはかのテーゼをつくったのだ、とおもわれるのである。

まさにこのゆえにこそマルクスは、商品生産の発展という観点から共産主義社会の必然性を基礎づけようとしたおのれを否定し、人間社会の本質形態を出発点として、歴史的にはそれの歴史的実存形態を出発点として、その必然性を明らかにしなければならない、と意志したのだ、と私は考えるのである。そのために、彼は、モルガンの古代社会の研究の批判的摂取にとりくむと同時に、ロシアの農民の共同体の研究に没頭したのだ、と。

マルクスにとっては、『資本論』の第一巻にはらまれているこの問題を解決することをぬきにしては、第二巻・第三巻を仕上げる作業にとりかかることは考えられなかったであろう。

若きマルクスは、プロレタリアの労働を分析することをとおしてこれを疎外された労働としてあばきだし、その根底に労働の本質形態をつかみとり、その実現をめざしたのであった。けれども、この労働の本質形態が歴史的過去においてはどのような実存形態をとったのかということを明らかにすることはできなかった。そのような社会科学的な研究はなおなされてはいなかったからである。

モルガンの研究は、そのような労働がおこなわれていたところのものを原始共同体として明らかにするものであった。

ロシアの原資料にあたっていたマルクスには、ロシアのミールがこのような原始共同体の一発展形態と見えた。

ここにマルクスは、共同体の本質形態を出発点として、この否定として資本制商品経済を捉え、これの否定として共産主義社会を基礎づける、という構想を、ヴェラ・ザスーリッチへの手紙において明らかにしたのだ、といってよい。

マルクスとエンゲルスは、プロレタリア世界革命の立場にたって宣言した。

「ロシアの農民共同体(オプシチナ)は、ひどくくずれてはいても、太古の土地共有制の一形態であるが、これから直接に、共産主義的な共同所有という、より高度の形態に移行できるであろうか？　それとも反対に、農民共同体は、そのまえに、西欧の歴史的発展でおこなわれたのと同じ解体過程をたどらなければならないのであろうか？

この問題にたいして今日あたえることのできるただ一つの答えは、次のとおりである。もし、ロシア革命が西欧のプロレタリア革命にたいする合図となって、両者がたがいに補いあうなら、現在のロシアの土地共有制は共産主義的発展の出発点となることができる。」（『共産党宣言』ロシア語第二版序文、一八八二年。全集第一九巻、二八八頁）

だが、ロシアのミールもドイツのマルクも、原始共同体の一発展形態ではなかった。その両者のあいだには断絶があった。このことを、エンゲルスは、マルクスの死後に、新たな研究への対決をとおして自覚した。

われわれは、スターリン主義をその根底からのりこえていくという立場にたって、マルクスとエンゲルスのこの追求に肉薄し、ロシアへのマルクス主義の移植と土着化を検討していくのでなければならない。

このような立場と問題意識とは無縁な地平において、晩年のマルクスのノートを解釈しているのが、わがマルクス解釈家なのである。

共同体農民の共産主義的意識の大量的産出

マルクスとエンゲルスは、『共産党宣言』ロシア語第二版の序文において、ロシアの農民共同体にかんしては、「オプシチナ」と表現したのであった。「オプシチナ」とは、ロシアの農民がミールと呼ぶところのものをさす法律的＝学術的用語であった。

マルクスは、ヴェラ・ザスーリッチへの手紙の下書きにおいては、「ロシア農民の共同体」の・日本語で「共同体」と訳される言葉としては、「コミューン」という語を使った。斎藤幸平によれば、マルクスは、ドイツのマルクにかんしては、「Markgenossenschaft」という用語を使っているのだそうであり、彼はこれを「マルク協同体」というように訳しているのである（二〇二頁）。

わがマルクス解釈家が言っていることを原典にあたって調べ、マルクスがマルクをどのように分析していたのかを明らかにすることは、私の力量にあまる。もっとまじめで誠実な学者がいろいろと調べて書いてくれるのを待って、それを検討する以外にない。

ここで確認しておくべきことは、ロシアのミールやドイツのマルクは、階級社会において実存しているところの、あるいは、実存していたところの、被支配階級の人びとでもって構成される共同体だ、ということである。この意味において、この共同体は、疎外されざる共同体、すなわち共同体の本質形態と異なる、と同時に、ギリシャのポリスのような、支配階級がその頂点に位置して被支配階級をそのもとに直接に統合しているところの共同体とも異なるのである。晩年のマルクスは、モルガンの古代社会の研究への対決をとおして原始共同体の分析を深める、とともに、被支配階級の人びとでもって構成される共同体の研究をおのれの課題としたのだ、といいうる。ここでは、この問題にはこれ以上踏みこまない。

である。

私がここで検討したいのは、わがマルクス解釈家がまったくふれようとしないことについてである。

西欧のプロレタリア革命とたがいに補いあうロシア革命において、どのようにしてロシアの現在の土地共有制を共産主義的発展の出発点とする、とマルクスとエンゲルスは考えていたのか、ということの解明が、それである。

マルクスは、ヴェラ・ザスーリッチへの手紙の下書きにおいて、次のように書いた。

「したがって、全般的な蜂起のただなかでのみ、この「農村共同体」の孤立、ある共同体の生活と他の共同体の生活との結びつきの欠如、一言でいえば「農村共同体」に《いっさいの》歴史的創意を禁圧しているその局地的小宇宙性が、打破されうるのである。」(全集第一九巻、二九三頁)

私はこれを読んで、若きマルクスとエンゲルスが『ドイツ・イデオロギー』に書いた次の言葉を思い起こした。

「この共産主義的意識の大量的な産出のためにも、また事業そのものの貫徹のためにも、人間の大量的な変化が必要であり、そしてこれはただ実践的な運動すなわち革命においてのみおこりうるのである。だから革命が必要であるのは、たんに支配階級が他のどんな方法によってもうちたおされえないからだけではない。さらにうちたおす階級が、ただ革命においてのみ、いっさいのふるい汚物をはらいのけて社会のあたらしい樹立の力をあたえられるようになりうるからでもある。」（岩波文庫版、一〇六〜一〇七頁）

晩年のマルクスは、若きおのれの、革命主体の創造の立場と意志を、すなわち人間変革の立場と意志を、ロシアの共同体農民の変革の問題に貫徹したのではないだろうか。私にはこうおもえるのである。

西欧のプロレタリア革命とたがいに補いあうロシア革命、この革命の主体として共同体の農民を創造するためには、この農民の共産主義的意識の大量的産出が必要なのであり、このような人間の大量的な変化は、ただ実践的な運動すなわち革命においてのみおこりうるのである、と。だからこそ、全般的な蜂起のただなかでのみ、この「農村共同体」の局地的小宇宙性が、打破されうるのである、と書いたのだ、と。

マルクスは、それにつづけて次のように書いた。

「理論的にいえば、ロシアの「農村共同体」は、自己の基礎である土地の共同所有を発展させることによって、さらに、これまたそこにふくまれている私的所有の原理を除去することによって、自己を維持することができる。それは、近代社会が指向している経済制度の直接の出発点となることができる。それは自殺することから始めないでも、生まれかわることができる。それは、資本主義的生産が人類を豊かにした諸成果をば、資本主義制

度を経過しなくとも、手に入れることができる。」(同前)

ここで、マルクスは、自己労働にもとづく私的所有を出発点とする・かの否定の否定のテーゼをロシアに適用することを明確に否定しているのである。

マルクスのこの立場を貫徹して、われわれは、全般的蜂起のただなかでの共同体農民の変革の問題を考察しなければならない。

共同体の一員としての農民を、プロレタリア世界革命の一環としてのロシア革命、すなわちロシア・プロレタリア革命の主体として、――都市のプロレタリアートとともにこの革命の主体として、――直接に変革しなければならないのであり、共同体の農民の共産主義的意識の大量的な産出を実現するのだ、というように、われわれはアプローチしなければならない。

ロシアの農民にかんしては、共同体につなぎとめられている農民は、これから脱却し、自分が土地を私的に所有することを希求するのだ、というように分析するのは誤謬なのである。革命的プロレタリアとその党の働きかけをとおして、彼らは、土地を私的に所有したいという意識を経ることなしに、現存する共同体の一員として土地を共有しているという意識を土台にして、共産主義的意識を、すなわちプロレタリア的自己を確立することができるのである。

この意味においては、ロシアの農民は、近代的自我の確立とこの自己の変革というかたちにおいてプロレタリア的主体性を確立するのではないのである。共同体の一員としての自己を出発点にして、この自己をプロレタリア的に変革し、プロレタリア的主体性を確立するのである。われわれはこの論理を解明しなければならない。この論理を解明するためには、後進国においてはなおなしとげられていない近代的自我の確立を、われわれはプロレタリア的主体性の確立というかたちにおいて実現するのだ、という論理を駆使することは適用限界をなす。農村共同体の一員としての自己をプロレタリア的自己へと変革する、自己のプロレタリア的主体性を確立する、というようにアプローチしなければならないのだからである。

われわれは、この問題を、われわれの組織そのものにおいて、組織成員たるわれわれが組織成員としての主体性をどのように確立しかつ貫徹していくのか、という問題とともに、ほりさげて考察し解明していくのでなければならない。

二〇二〇年一一月八日

〔4〕 イデオロギー批判の方法について

新たな問題に直面して

かつて何十年も前であったならば、日本共産党の主張を批判するのであれ、小ブルジョア雑派の言辞を批判するのであれ、それをマルクス主義の理論や反スターリン主義の理論に照らして、それが誤りである、ということを明らかにするならば、それなりの批判となった。彼らは、マルクス主義の枠内にあることを自称し、そのようなかたちでの理論の組み立て方をしていたからである。

けれども、ソ連崩壊以後の二一世紀現代において、現にいま生起している問題をとりあげてなされている主張を批判しようとするならば、そうはいかない。そうはいかないのだけれども、そうはいかないのだ、ということを自覚しえないままでいることが、しばしば発生する。

直接的には得体のしれないイデオロギーにたいして、一方では共感を抱いたままでいたり、他方ではどうしようもないものとして蹴飛ばしたりすることがうみだされる。これは、提起されているのが答えのない問題であることにもとづく。自分が対象にしているところのものが、現にいま生起している問題についての主張であることからして、その問題にかんしての・反スターリン主義理論の公式の見解がないわけである。だから、自己の対象をなす見解にたいして正しい答えを対置して批判するというやり方が通用しなくなっているのである。それにもかかわらず、これまでの自分の他党派批判の方法が、自己の対象をなす見解にたいして正しい答えを対置するというものとなっていたのだ、というように自覚し、これを根本的に問い直す、というようにしえていないことが、いろいろな傾向がうみだされる根拠をなすのである。

問い直すべきこの方法の大きな問題は、自分が対象としている見解を明らかにした筆者と、この筆者が対決した物質的現実を措定して考察していないことにある。この筆者が現実をつかんだその結果としてのその内容への自分の感じ方にそのままわが身をゆだねて、この筆者に漠とした共感を抱くか、あるいは強烈な否定感を抱くか、というようになっているのである。この筆者が現実をどのように分析し把握したのか、というようには考察していないのである。

筆者が対象化した見解を基礎にして、筆者が現実を分析するときに駆使した方法をつかみとる、というように頭をまわしていないことが問題なのである。と同時に、筆者が対象化した見解をその物質的基礎との関係において検討するために、筆者が分析した現実を自分が自分の頭で分析する、としていないことが問題なのである。

斎藤幸平の「加速主義」という見解をとりあげよう。

これは、彼が、今日の地球温暖化の根拠を資本主義そのものに求め、「脱成長コミュニズム」という展望を基礎づけるために、今日の資本主義を分析し特徴づけたもの、つまり分析内容のレッテル的表現である。

ここで、われわれは、「加速主義」という分析に駆使されている方法は何か、というように頭をまわさなければならないのである。この分析につらぬかれている方法をつかみとる、というようにわれわれは意志するならば、この「加速」とは経済成長の加速ということであり、彼は、一本の道を想定し、この道をスピードアップして走りつづけるのか、それともゆっくり歩くというように転換するのか、というように問題をたてている、ということをつかみとることができるのである。このような論理は、きわめて単純なものであり、量的な・もののつかみ方である、ということがわかるのである。いまつかみとった論理は、彼の認識方法論そのものではなく、彼のもっている存在論的な論理（加速か減速かという単純な存在論的論理）を彼が現実を分析するときに方法的基準として適用したものである。——このようにわれわれはつねに、当該の見解を対象化した主体が、現実を分析するために駆使した方法をつかみとる、というように意志しなければならないのである。

それとともに、われわれは、筆者の「加速主義」という分析内容を、その物質的基礎との関係において検討しなければならない。このように検討するためには、この物質的基礎としての物質的現実を自分自身の頭で分析しなければならない。このように頭をまわすならば、地球の温暖化をもたらしている現代資本主義の特質は、経済成長の加速というような単純なことにあるのではない、大量生産・大量消費・大量廃棄という国家独占資本主義的浪費とそのための森林破壊そのものが問題なのだ、経済成長などと言っても労働者たちに生活必需品が十全に供給されているのではなく（賃金が低くて買えないのだ）、これを犠牲にして・先の浪費が経済成長として統計上カウントされているだけの話ではないか、何を寝ぼけたことを言っているのだ、というようにつかみとることができるのである。

このように、われわれは、自分がどのように頭をまわしているのかをふりかえり内省し、自分のこの頭のまわし方をどのようにひっくりかえし鍛えあげていくのかということを省察しなければならない。

インターネットで資料を調べよう、と頭がうごく問題

われわれは、或る一定の主張を批判するために、それに必要な資料をインターネットで調べることがある。こういうばあいには、おうおうにして、見つかった資料の内容にもとづいて、自分が対象とした主張を批判しがちである。だが、これは誤謬である。

このばあいには、われわれは、自分の意志でインターネットをつかって資料を探し、これがいいと判断したのであるからして、自分では、自分の頭で考えた、と自覚している。しかし、自分では、資料を探すという行為を主体的にやっただけであって、自分が対象とした主張にかんしては自分の頭では考えていないのである。

これを批判するために資料を探そう、と頭がうごいたとき、この瞬間において、われわれは、対象を批判するために自分の頭をまわすのではなく、対象を批判する拠点を自分の外側に求めたのである。実際には、自己の対象たる主張にぶちあてる素材を既存のもののなかで探したのである。

先にのべたように、自分が対象としている主張に食らいついて、この主張につらぬかれている方法あるいは論理は何か、この主張をその物質的基礎との関係において考察するならば何が

問題となるか、というようには考察していないのである。こういうことを考えるよりもまえに、すばやく、対象を批判するための素材を、インターネット上に氾濫している情報のなかで探す、というように行動したのである。

もちろん、右にのべたように自分の頭で考えたうえで、当該の主張を展開した筆者が対決している問題は、われわれがすでに追求してきた問題とは異なる新たな問題なので、インターネットで調べないとよくわからない、ということは発生する。

このばあいには、自分がインターネット上で探し当てとりあげた資料、この資料の内容を、われわれは徹底的に批判しなければならないのである。この批判の方法は同じである。この資料の内容につらぬかれている方法あるいは論理は何か、この資料の内容をその物質的基礎との関係において考察するとどうなのか、ということである。このように考察し批判することをとおして、われわれはその資料の内容を摂取するのであって、これが理論の批判的摂取である。

このようなかたちで頭をまわすのではなく、すぐに、批判するのにふさわしい内容がどこかにないか、というように頭がうごくのは、いまでは「革マル派」の指導部となっているメンバーたちの指導のもとで・長いあいだのうちに・自分自身に身につけてきたものをその根底からひっくりかえす、という自己脱皮の闘いをなお十全には貫徹しえていないことにもとづくのである。

彼らによって、われわれは、同志黒田寛一の言葉や論述内容を答として、生起した問題を解決するための指針をみちびきだしたり他党派批判の論文を書いたりするように指導されてきた。このような経験をつむことは反スターリン主義理論を主体化することであるかのように見えた。そのようなものと思って、われわれはその努力を積み重ねてきた。だが、それは、自己の外側にある反スターリン主義理論のうちに、だから、自分がおぼえこんだ反スターリン主義理論のうちに、直面した問題を解決するためのよりどころと答えを求めるものでしかなかったのである。たとえ、自己の指導部に反論するために同志黒田寛一の言葉をもってそうしたのであったとしても、指導部の言動の誤りを・上に見た方法を駆使してあばきだしたのではなく、直接的なアンチとして同志黒田の言葉をもちだすことができたにすぎなかったのである。

もちろん、現在の指導部を構成するところの当時の指導者たちによってそのようにしむけられてきたのでありはしたが、われわれは、現実問題に実践的に対決し、反スターリン主義理論を体得してきた。われわれは、おのれが体得しているものを拠点として、われわれのうちに残滓として沈潜しているところの・答えを求めるようにひとりでに頭がうごいてしまうこと、このことから根底的に脱却すべきなのである。

「ホロドモール（飢餓による殺害）」について

「ホロドモール」とは、ウクライナにおいて一九三二年から三三年にかけて生起した大餓死についてのウクライナにおける呼び名である。日本語には、「飢餓による殺害」と訳されるのだという。

「飢餓による殺害」という訳語は、「ホロドモール」というウクライナ語の意味内容を端的にあらわしている、と私は思うのであるが、この日本語をみよう。

「飢餓による殺害」と表現するかぎり、これの意味内容は、殺害が目的であり、飢餓がこの目的を実現するための手段ないし方法だ、ということになる。これは、ウクライナにおけるかの事態についての、欧米諸国の権力者と結託したウクライナの国家権力者の捉え方である。これは、スターリンを先頭とするロシアの共産主義者がウクライナ人を絶滅するために（あるいはウクライナ人を殺害するために）意図的に飢餓を仕組んだのだ、という捉え方である。

この捉え方には、ウクライナ権力者のウクライナ民族主義が、そしていわゆる反共イデオロギーがつらぬかれているのである。この反共イデオロギーは、共産主義＝マルクス主義をスターリン主義と等置して悪とする、というばかりではなく、ウクライナにおけるかの大餓死を、ドイツのナチスによるユダヤ人の大虐殺やポル・ポトによる人民の大虐殺などと同列に並べて、ロシアの共産主義者によるウクライナ人の大虐殺と捉え弾劾するものなのである。

ウクライナの権力者がこのようなイデオロギーをふりまくばあいには、この餓死が意図的に人工的につくりだされたものである、ということを立証するために、スターリンはロシアの重工業化に必要な機械を買う資金を得るためにウクライナの農民から穀物を収奪したのだ（飢餓輸出）、と言うのであるが、ここでは、スターリンの意図は、ウクライナ人の殺害を大目的とするその手段としての飢餓、この飢餓をつくりだすことを小目的とするその手段としての穀物の収奪と輸出、というように描きあげられているのである。われわれは、「飢餓による殺害」というように意図的に描きあげられた餓死の惨状に感性的にゆさぶられてはならない。この感性的なゆさぶられは、虐げられたウクライナの農民への共感とは、根本的に異なるからである。

われわれは、「ホロドモール（飢餓による殺害）」という語をもちいて語られているものに直面したときには、右に見たことをあばきだすことを基礎にして、一九三〇年代にウクライナにおいて生起した事態そのものを——今日のウクライナの権力者のイデオロギーの意味するものの暴露および批判と当該の歴史的事態そのものの分析とはアプローチの仕方が異なることを自覚しつつ——分析しなければならない。そして、この事態につらぬかれている・スターリンの国家の重工業化政策と農業の強制的集団化政策、ならびにこれらを規定している「一国社会主義」のイデオロギーをあばきだしていくことが必要なのである。

スターリンは、ウクライナ人を殺すために穀物を収奪したのではない。スターリンは、革命ロシアが帝国主義諸列強に包囲され・諸列強が革命ロシアを圧し潰すことを虎視眈々と狙っているという諸条件のもとで、孤立したロシアにおいて一国的規模で「社会主義」の実現をめざして経済を建設するために重工業化を――トロツキーを追放したうえでトロツキーの重工業化政策を盗み取りそれを上回るかたちで――急いだのであり、それに必要な国家フォンドを得るために農業を強制的に集団化し穀物を――農民が餓死することを顧慮することなく――収奪したのである。農業生産に必要なトラクターやコンバインを生産するためにも重工業を発展させなければならなかったのである。世界革命の遅延。西ヨーロッパ諸国において資本主義がなしとげた諸成果と革命ロシアが結びつく道は断たれた。ぼやぼやしていたら革命ロシアは潰されてしまう。このような緊迫した情勢のもとでのスターリンの追求、その内実を、革命ロシアの経済建設としてはいかに誤っていたのか、というように、われわれはあばきだしていかなければならないのである。

われわれは、スターリン主義をその根底からのりこえていくために、このような理論的作業をおこなっていくのでなければならない。

二〇二〇年一一月一九日

II

論争の盲点——地球は温暖化しているのか否か、その原因は何か

〔1〕 地球寒冷化論者の陥穽

何が問題なのか

地球は温暖化しているのか。温暖化しているとすれば、それは、人間社会の排出する二酸化炭素の増大にもとづくのか。それとも、温暖化の傾向は存在しないのか。そして、地球の気候は、人類の生活とは無関係な自然的な諸要因にもとづく、と考えてよいのか。

こうしたことを明らかにすることは、科学者たちの焦眉の課題である。

だが、温暖化とその危険性を説く者たちと、温暖化していると認識することそのものを否定する者たちとの論争は、きりむすんでいないように、私にはおもえる。

前者の科学者たちは、地球温暖化と二酸化炭素の増大との相関関係だけを論じている。後者の科学者たちは、地球の気候は、太陽からのエネルギーの増減とこれをあらわす太陽の黒点の変化、および、太陽光線を遮る雲の量とこれを規定している宇宙線や地磁気の強弱、これらに決定される、ということのみを主張している。

もしも、前者の科学者たちが、地球の温暖化と二酸化炭素の増大の危険性を、科学的に自信をもって主張するのであるならば、誕生まもない地球の大気には大量の二酸化炭素が含まれており、それが温室効果を果たしていた、というような・今日の気候とは直接には関係のないことを例証としてもちだす必要があるのか。これらの科学者たちは、世界のウランの採掘を独占し・原発反対運動をぶっつぶすことをたくらんでいるロスチャイルド、このロスチャイルドにあやつられているのであろうか。

後者の科学者たちは、ハリケーンや台風の発生数が増していないということだけを言い、その勢力が大きくなり甚大な被害をおよぼしている、ということや、夏の気温が異常に高くなっている、ということなどを直視せず、その原因を探ろうともしないのは、なぜだろうか。彼らは、国際競争にうちかつために・安価な化石燃料に依存したいアメリカの権力者、この権力者の意を体しているのだろうか。

後者の研究者に属するといえる丸山茂徳の『二一世紀地球寒冷化と国際変動予測』(東信堂、二〇一五年刊）という本がある。

彼の予測からすれば、もうそろそろ地球寒冷化の傾向があらわになっていていい頃なのであるが、実感としては温暖化してきている。人類の生活とは関係のない自然的諸要因にもとづく地球寒冷化を、彼はこの本で主張していたのであるが、彼の主張が正しいかぎり、彼の予測がはずれた部分は、人類の生活の影響にもとづく、ということを、彼は裏から証明したことになるのである。

これは、きわめて興味ぶかいことである。

地球寒冷化の根拠

丸山は、地球温暖化と二酸化炭素の危険性を説くＩＰＣＣ（気候変動に関する政府間パネル）を次のように批判する。

「ＩＰＣＣは二つの重要なファクター、宇宙からくる宇宙線と、地球内部で形成される地磁気を考慮せず、多くの地球表層条件の中から温室効果ガスだけを強調し、ましてその中でわずかの割合でしかない炭酸ガスを地球温暖化の主要な原因と決めつけたのである。」（三九頁）

そして言う。

「温暖化問題の決着は一〇年以内につくであろう。結論的には、その期間内に「温暖化」

どころか、「グローバル・クーリング」、すなわち地球の寒冷化が始まるからである。こればかりは科学者の長い議論をまつことなく、地球が、自然が、自ら証明してくれるはずである。」（ⅵ頁）

「この原稿を書いている二〇一〇年六月」（六頁）という日付があることからするならば、二〇一九年の現時点では、もう決着がついていていい頃なのである。だが、地球は寒冷化の傾向をまったくしめしてはいない。

これは、一体どういうことなのであろうか。

彼の主張をもう少しくわしく見てみよう。

「地球は暖かくなるのではなく、寒くなっていく。この結論はＩＰＣＣとは異なっており、その差は二一世紀を通じ、さらに大きくなっていく。私たちの結論の正しさは必ず証明されるだろう。なぜならば、太陽活動、地磁気変動と宇宙線強度変化はすべてが気温降下につながる方向に変化しているからである。

過去一〇〇年間、太陽活動は著しく強かったが、現在は弱まる傾向にあり、過去四〇〇年間の太陽活動の変化からは二〇三五年には最小になると予測される。宇宙線強度変化は過去五〇年間にわたって、さらには過去一〇〇〇年間にわたって太陽活動と連動して変化している。宇宙線強度は過去一〇〇年間の強い太陽活動期間には弱かったが、今後、二〇〇〇年以降は強まっていくと予想される。

地磁気の変動については、最近四〇〇年間ずっと連続的に弱まってきており、これは地表に降り注ぐ宇宙線強度の増大をもたらす。宇宙線の増大は雲量増加をもたらし、それは地球寒冷化に最も効果的である。

以上すべてのことから、地球の気温は降下し始め、太陽活動が最小になると予想される二〇三五年には気温は最低になると予想されるのである。」（六六～六八頁）

ここでのべられている、太陽活動の変化や宇宙線強度の変化やまた地磁気の変動にかんする研究の成果は、どうも正しいようにおもわれる。だが、ここで下されている予想は、現実の気候の進行とは合致しないのである。そうすると、ここで見すごされているものがある、すなわち、彼が見すごしているところの・気候の変動を規定する要因がある、ということになるのである。

それは何か。

研究者の不安

「炭酸ガス濃度変化と気温変化が連動している」ということにかんして、このひとは次のように論じている。

「炭酸ガスが増えると、確かに気温も上昇している。このようなときには二つの説明があり得るのである。一つは、気温上昇は炭酸ガス濃度増大のためである、つまり炭酸ガスが気温上昇の原因という説明である。もう一つは、気温が上昇したために炭酸ガス濃度が上がった。つまり炭酸ガス濃度の上昇は気温上昇の結果であって原因ではないという説明である。原因と結果は常に伴っており、コインの両面であり、しばしばどちらが原因でどちらが結果であるか決めがたいことがある。にわとりが先か卵が先かといったようなものである。ＩＰＣＣは同様のデータから気温上昇は炭酸ガス濃度の増加によってもたらされたとの解釈をとったのである。しかし、物理学者の槌田敦博士や気象学者の根本淳吉博士、そして私も、炭酸ガス濃度の増大は気温上昇によってもたらされたと解釈している。ただしこの議論は自然源炭酸ガス濃度だけについてであり、人為源炭酸ガスは入っていない。

さて、いったいどちらが正しいだろうか。図13を注意してみると、気温と炭酸ガスの曲線の変化は整合的ではあるが、少しずつずれていることがわかる。このずれは多くの場合、気温変化のほうが炭酸ガス変化よりも時期的に早いのである。つまり、炭酸ガスの変化は気温変化を追って起こっているのである。」（四七～四九頁）

この論述もまた、正しい、とおもわれる。ただし、「ただしこの議論は自然源炭酸ガス濃度だけについてであり、人為源炭酸ガスは入っていない」、ということを前提にするかぎりにおいてである。

何十年間というような期間をとるならば、地球の表面の自然源の二酸化炭素の量はだいたい一定である、と考えることができる。この二酸化炭素が、炭酸ガスとして大気中に漂っているか、海中に溶けこんでいるか、というようなかたちをとっているわけである。だから、気温が上昇することによって大気中の炭酸ガスの濃度が増大した（また前者が下降することによって後者が減少した）、ということはあまりにも当然のことなのである。

もしも、このような短期の、気温と炭酸ガス濃度の上下動が人為源炭酸ガスの量的変化を原因とするものである、というようにＩＰＣＣが主張しているのだとするならば、その主張は明らかに誤謬である。人為源炭酸ガスの量が、当該のグラフにしめされるほどにめまぐるしく上下に変動する、とは考えられないからである。

彼が掲げているグラフをもう少し注視しよう。

そうすると、このグラフの右半分では、気温と炭酸ガス濃度との両方が上下動をくりかえしながらだんだん右肩上がりになっていることがわかるのである。これが、人為源二酸化炭素の量の増大にもとづく可能性があるのである。このグラフは一九八八年で終わっているので、もっと先を見ないことにはわからない。また、いろいろ作用する諸要因について考察しなければならない。

人為源二酸化炭素の量的変化にかんしてあらかじめ捨象したのでは科学的研究にはならない、ということを私は言いたいのである。人為源二酸化炭素の量的変化はこのグラフの数値にはまったく影響しない、ということを科学的に証明しなければ、丸山のここでの論理展開は成立しないのである。

「ただしこの議論は自然源炭酸ガス濃度だけについてであり、人為源炭酸ガスは入っていない」、という但し書きを入れたことは、丸山の研究者としての誠実さをあらわしているとはいえる。けれども同時に、この但し書きを書かずにはいられない丸山の研究者としての不安を、私はこの文言に読みとるのである。そのような丸山の内面を、私は感じずにはいられないのである。

二〇一九年一〇月五日

〔2〕「二酸化炭素が原因」という把握はいかにして導きだされたか

温暖化問題の本の特質

次の四冊の本を読んだ。丸山茂徳『二一世紀地球寒冷化と国際変動予測』(東信堂、二〇一五年刊)、広瀬隆『二酸化炭素温暖化説の崩壊』(集英社新書、二〇一〇年刊)、赤祖父俊一『正しく知る地球温暖化——誤った地球温暖化論に惑わされないために』(誠文堂新光社、二〇〇八年刊)、中島映至・田近英一『正しく知る気候の科学——論争の原点にたち帰る』(技術評論社、二〇一三年刊)である。

前三者は、IPCC(気候変動に関する政府間パネル)の「地球温暖化二酸化炭素原因」説を批判したものであるが、この三冊を読んでも、当該の国際機関が一体何を主張しているのか、ということの全体構造ないし骨組みや、そのことをこの機関がどのようにみちびきだしているのか、ということを、私はつかむことができなかった。

第四の本をも読むことをとおして、その全体像の骨格のようなものを、私は把握することができた。

この本は、地球の気候を規定する原理的なものを物理学的に明らかにしたうえで、地球誕生以来の気候の変遷とそれをもたらした諸要因を俯瞰したものである。最近の一〇〇年にかんしてはほぼＩＰＣＣと同じ見解であるとおもわれるのであるが、おそらくＩＰＣＣは分析していないであろう・それ以前の全歴史を、地球物理学の観点から構造的に明らかにしようとしていることに、この本の特色がある。この意味において、この追求は、ＩＰＣＣの欠陥を除去し、それを補強することを意図したものである、といえる。

私には、この本のなかで紹介されているいろいろな図のなかの二つの図には継承関係があるように見えた。

気温の変化との経験的な照らし合わせ

私が着目した一つ目の図は、ＮＡＳＡゴダード宇宙研究所のジェームズ・ハンセンらによる一九八一年の論文で発表されたものである、と説明されている。私が注目した二つ目の図は、

ＩＰＣＣが二〇〇七年の第四次評価報告書に掲載したものだ、とされている。

この二つの図を見比べて、私は、ＩＰＣＣはハンセンらの図のつくり方を下敷きにして自分たちの図をつくったのであろう、と推測するのである。

ハンセンらの図は、その背後において次のような推論過程をたどった、という組み立て方になっている。

まず、二酸化炭素の増加にもとづく気温の上昇を次のように明らかにすることができる。

二酸化炭素分子は遠赤外線を浴びると振動や回転をしてそのエネルギーを吸収する、そしてこの分子が他の分子と衝突してこのエネルギーが他の分子に伝わり、大気が暖まる。（なお、水蒸気は、さらにいろいろな波長の光を吸収するという性質をもち、二つの原子でできている酸素や窒素の分子は、このような吸収が弱い。――水蒸気にかんしては、雲ができる、という複雑な問題があるので、あとでふれる。）この原理的把握を基礎にして、各観測地点での二酸化炭素の増大の仕方の測定値をもとに、気温の上昇度合いを推計することができる。

そのうえで、火山噴火の影響および太陽の活動の変化にかんする測定値をもとにして、気温の変化の推計を、右記の推計に加味する。

こういうことをやっているかのようにしているのが、ハンセンらの図なのである。

しかし、実際には、各観測地点での二酸化炭素量の増大も、火山噴火の影響も、太陽の活動の変化も、それらがそれぞれどれだけの気温の変化をもたらすのか、という数値は科学的に明らかにされているわけではない。したがって、実際には、さまざまなかたちで連立方程式をつくり、そこから——コンピュータによって——解としてみちびきだされる気温の変化が、現実に観測された値にできるだけ合致するように、その方程式を手直しする、というようにやっているとおもわれるのである。

そうすると、ハンセンらの図にあらわされたような数値が出てくるのであり、グラフができるのである。

ハンセンらはこのようにやったのであろう、と私は推測するのである。

現実の観測値に合致するようにいろいろ手直しすることが悪いわけではない。もともと気候学は、気候にかんするいろいろな物理量を観測・測定し、これを集計して、それぞれの時点・地点での気候の全体像をうかびあがらせる、という現象論的な学問なのである。この分析に、物理学や化学やまた生物学などの本質論的な諸規定を適用するのであって、この成否が問題となるのである。科学者たちは、気候にかんする諸現象を、これに自然科学の本質的な諸規定を適用して分析するのであり、こうすることによって、それらの諸現象を現実論的＝本質論的に把握するのである。

だから、このばあいに、気温の変化を規定するものとして選びとられたところの、二酸化炭素・火山の噴火・太陽の活動のそれぞれにかんする分析が正しいのか、そして道具立てとしてこの三つでいいのか、ぬけているものはないか、というようなことが問題となるのである。

ハンセンらのこの追求の仕方をＩＰＣＣが援用するときには、人間の活動にもとづく要因にかんしても、自然的要因にかんしても、道具立てをもっと増やしているはずである。

しかし、掲載されているＩＰＣＣの図には、自然起源要因、人為起源要因と記載されているだけなので、その中身はわからない。それを知るためには、報告書そのものを見なければならない。

ここでは、ＩＰＣＣはどのようにして自分たちの図をみちびきだしたのか、ということを明らかにすることを課題としているのであり、人為起源要因にかんしては二酸化炭素の増大に、自然起源要因にかんしては火山の噴火の影響と太陽の活動の変化という二つの要因に代表させたものとしてとりあつかえばよいわけである。

火山の噴火の影響にかんしては、一定の気温の変化を、これはこの火山噴火の影響である、というように、もたらされた結果から両者を照らし合わせることができるだけである。火山の噴火にかんする何らかの物理量の測定値をもとにして、そこから気温の変化量を、計算によってみちびきだしうるわけではない。ましてや予測にかんしては、いつ火山が噴火するのか、というようなことはまったくわからないのである。

太陽の活動の変化についても同じである。その活動の強弱は、太陽の黒点があらわれる頻度というかたちでわかるのであり、太陽から地球に到達する放射エネルギーの強弱については、人工衛星で、あるいは大気を経たものとしては地上で、観測し測定することができるのであるが、この測定値から気温の変化量を、本質的な法則の解明というかたちでみちびきだしうるわけではない。エネルギー変化の測定値と気温の変化の測定値との相関関係の把握をつみかさねることをとおして、その関係を、ただ経験的に数学的にあらわすことができるにすぎない。

この太陽の活動にかんしては、火山の噴火とは異なって、短い周期としては、一一年の周期でその活動の強弱がくりかえされる、ということが知られているので、このかぎりで、将来を予測することができるのである。

水蒸気と雲

このようなところまでは科学的に明らかにされているのであるが、科学的になお解明されていないのは、水蒸気と雲についてである。

原理的なことをくりかえすならば、H_2Oという分子は、いろいろな波長の電磁波を吸収し、むすびついている原子が振動する。この分子が他の分子に衝突することによって、エネルギーが他の分子に伝わり、分子の運動速度が増大する。すなわち、当初の放射エネルギーが運動エネルギー＝熱エネルギーに転化する。また、エネルギーをもっているH_2O分子は、電磁波を発する。この電磁波は宇宙空間にまで飛んで行ってしまうか、地面ないし大気を構成する分子に衝突するか、する。

このようなことが原理的にわかったとしても、大気中のH_2O分子の量の変化を推定することは困難である。たえず、海や地面から水分が蒸発しているからであり、また雨や雪となって降りそそいでいるからである。

次に、水蒸気は凝結して雲となる、ということが問題となる。もっとも簡単なことを考えたとしても、雲は昼間には太陽光線を反射して日傘効果をもたらし、夜には、地面からの放射エネルギーをはねかえして温室効果をもたらす。雲はこの両面をもっているのであって、総体として、この効果のどちらが強いのかは解明されていないのである。また、高層の雲と低層の雲とでは、その作用には違いがある、とされているのである。

さらに、水蒸気は、核となるものが存在しなければ凝結することはなく、過飽和のままにとどまる。自然界から・あるいは人間の活動によって・発生するエアロゾル（すすのような微粒子）がこの核となるのである。宇宙線として飛んでくる荷電粒子が、この核となる、という学者・丸山もいるわけである。けれども、これには、エアロゾルによって水蒸気は雨粒となってしまうので、たとえ宇宙線が飛んできたとしても、霧箱のような水蒸気の過飽和状態はほとんど存在しない、という反論もあるのである。

また、エアロゾルそれ自体の光の反射はどうなのか、という問題もあるわけである。エアロゾルは日傘効果が強い、とされているのである。

これらのことがらは、エネルギー量としては、そして気温の変化量としては、どの程度になるのか、ということにかんしては、ほとんど解明されていない。

ＩＰＣＣがこのようなことがらをどのようにあつかっているのかを、私はつかんではいない。

ＩＰＣＣの図の妥当する範囲

これらのことから言いうるのは、ＩＰＣＣの図にしめされている諸数値は、基本的には、この諸数値をみちびきだすために諸物理量が測定されたところのこの一〇〇年にしか妥当しない、ということである。この図にしめされる傾向を、過去にも、そして何よりも未来にも妥当させるには、数量的にはどのようなものとなるのかということが解明されていない諸要因が多すぎる、といわなければならない。

現在、地球は温暖化の傾向をしめしている、と確認したうえで、二酸化炭素の増大はその一要因をなす、ということが原理的には明らかにされている、といいうるのであるが、二酸化炭素の増大という要因は気温の上昇にとってどれだけの比重を占めているのか、ということはなお解明されていない、と私は考えるのである。

コンピュータでもってする計算結果が・観測された気温の変化に合致するように・諸物理量にかんする関係式をいろいろと操作しているのであろう、というIPCCのやり方にかんする推論にもとづいて、右のことを私は言っているのであって、二酸化炭素の量の変化の観測値から、気温の変化量を物理法則的にみちびきだす、という研究はなされているのかどうか、なされているとすればその研究の現段階はどうであるのか、ということについては調べて検討することが必要である。

二〇一九年一〇月二二日

〔3〕　地球温暖化をめぐる論争の背後にあるもの

異様な論争

地球温暖化にかんして論じられた・いろいろな書物を読んで私は次のことを感じた。

地球の気候にかんして自己の専門領域の科学的研究の成果をそれ自体として論述している学者の書物は、その論調がおちついており、私は多くを学ぶことができた。宮原ひろ子『地球の変動はどこまで宇宙で解明できるか――太陽活動から読み解く地球の過去・現在・未来』（化学同人、二〇一四年刊）などが、それであった。

これに反して、自陣営の主張を宣伝するものや相手の陣営を批判している学者の書物は、ファナティックであり、ヒステリックであり、けたたましさと論理の飛躍に満ち満ちていた。

地球は温暖化している、と主張し、それの主要な原因は人間の活動によって排出された二酸化炭素である、とする学者であれ、これに反対して、地球は寒冷化している、と主張する学者、あるいは地球温暖化の主要な原因は自然的なものである、とする学者であれ、自己の専門領域では学会での地位をもつ・その業績を認められた学者であるとおもわれるのであるが、前者の集団の宣伝物はいろいろな事実の捏造を含んだ・けばけばしい政治的なものであり、後者の相手陣営への批判は、一つのテーゼをふりまわした断罪であり、政治的であり、自己の政治的目的を主張するものであった。

これは異様であった。

これらの書物から見えてきた科学的研究の内実にかんしては、多くのことがらが解明されず、残されたままである、ということであった。

地球温暖化二酸化炭素原因説を主張するＩＰＣＣ（気候変動に関する政府間パネル）がやっていることは、ここ一〇〇年間の気温とこれを規定する自然的諸要因および人間の活動にもとづく諸要因にかんするデータをもとに、気温をもとめる連立方程式をつくり、この式をコンピュータで解いたときに、その解が・現実に観測された気温の変動の数値とできるだけ一致するようにその関係式＝方程式をいろいろと調整する、というものであった。一致するように式を調整しているのだから、グラフにすると、みちびきだされた気温の変化と現実の気温の変化とがきわめてよく一致するのは当たり前のことなのである。彼らの追求がこのようなものであるがゆえに、彼らは、一〇〇年よりも以前の気温をみちびきだすためにコンピュータをはしらせることは決してしないし、このコンピュータにもとづく未来の予測は予測たりえないものなのである。

これにたいして、この説を批判する学者たちの主張は、IPCCが例示して危機をあおっていることがらについて、それは間違いである、そんなことは起こっていない、起こらない、と言っている部分は正しい。しかし、地球は寒冷化している、とか、温暖化の原因は二酸化炭素ではなく、これだ、と言っている部分は、自己の狭い範囲の研究成果を唯一のよりどころとして、この一点を、それが妥当する範囲を大幅に超えて、二酸化炭素原因説にぶち当てている、というものなのである。

科学的な論争であるならば、もっと分をわきまえてやればいいのに、と私にはおもえるのである。しかし、このような論争が、現に激烈におこなわれている。これはなぜなのだろうか。

私の推論のみちゆき――その出発点

私がいろいろと思い悩み考えてきた過程をたどりながら考える。

スウェーデンの高校生グレタ・トゥンベリさんをはじめとして、世界各国の高校生・中学生たちが「二酸化炭素削減」を掲げて起ちあがったことに、私は共感し、注目した。

しかし、これに相対しては、次のような見解があった。「このヒステリックな二酸化炭素排斥運動は「温暖化詐欺」と呼ばれており、原発批判への目くらましの役割を果たしている。これは、この世界できわめて強い力をもつ或る勢力によるプロパガンダである」、と。私は、不勉強なことに、このような主張をはじめて知った。

たしかに、原発反対運動を果敢に推進している人たちがこのように言うのはわかる。

ここに言う「或る勢力」とは、世界のウラン資源を一手に握り採掘している大財閥ロスチャイルドのことであろう。このロスチャイルドが原発反対運動をたたきつぶすために、二酸化炭素削減の運動をその背後からあおった、ということは考えられる。しかし、彼らは、環境保護運動をやっている世界各国のこれだけの良心的な人びとを動かすことができるのだろうか。また、彼らは、国連というかたちで動いている世界各国の権力者たちをこれだけ意のままにあやつることができるのだろうか。このことが、私の内に疑問としてわいてきた。

いま、世界で、酸性雨とか排気ガスとかが問題となり、その他の汚染物質が垂れ流されている。森林破壊がすすんでいる。このようなことがらの一つとして、地球温暖化と二酸化炭素という問題が存在しないのであろうか。二酸化炭素削減の運動は、このような現実を物質的基礎としてまきおこっているのではないだろうか。このような物質的基礎が存在することのゆえに、各国の権力者たちは、この運動を無視することができず、自分たちが先頭に立つことによって、このような運動とそれに参加する人びとを、現存するみずからの支配秩序のもとにからめとり編みこもうとしているのではないだろうか。

各国の権力者と支配階級たる独占ブルジョアジーの利害からするならば、原発を増設するために二酸化炭素削減の義務を自分たちに課すよりも、原子力も石炭・石油・天然ガスなどの化石燃料も両方ふんだんに心おきなく使う、とした方が有利なのである。

私にはこういう気がした。

私はおもいだした。かつて地球温暖化の危機をあおりたてたのは、アメリカの副大統領であったアル・ゴアであった。彼は、共和党に対抗してみずからへの支持を増やし権威をたかめるためにそうしたのであった。

調べてみると、原発反対運動を推進する人びとのなかの一定の人たちは次のように言っていた。二酸化炭素の削減は、フランスが自国の基幹産業たる原発を維持するために提唱したのであり、またイギリスが原発を推進するために叫んだのであり、さらにスウェーデンが原発撤廃政策から転換するためにそれにくみしたのだ、と。しかし、西ヨーロッパ諸国の権力者たちだけで、——アメリカの権力者がそっぽを向いているにもかかわらず、そして中国の権力者は二酸化炭素を大量に放出しつづけたいと思っているにもかかわらず、——世界各国の権力者たちを国連というかたちで引っ張ることができるのか、ということが、私には疑問であった。

二酸化炭素削減を主張し・これを支配階級の側から牽引しおしすすめている勢力は何であり、何を目的としているのか、ということの分析を、私は残した。

二酸化炭素削減に反対している人たち

他方、二酸化炭素削減の主張と運動に反対している人びとはいったい誰なのか、ということはわかりやすかった。

真面目にそのことを主張している人びとは、原発反対の運動を展開している良心的な人たちや学者たちであった。これらの人たちは、二酸化炭素削減という主張が原発を推進するために叫びたてられ、その運動が原発反対運動をつぶすために機能させられることに危機意識をいだいていた。これは当然のことである、と私は感じた。

しかし、同時に、「地球は温暖化していない。二酸化炭素を削減する必要はない」、と叫んでいる権力者がいた。アメリカ大統領トランプが、その人であった。彼は、国際競争にうちかち莫大な利潤を手に入れるために・アメリカ国内で大量に産出する石炭や石油などの化石燃料をふんだんに使うことを武器とする・アメリカの独占資本家たちの利害を一身に体現している、と私は分析した。

本を読むと、化石燃料を使うことに利益を見いだしている日本の独占資本家グループの意を体していると見うけられる学者や、アメリカの同様の学者に、私は出くわした。

ここに、赤祖父俊一『正しく知る地球温暖化――誤った地球温暖化論に惑わされないために』（誠文堂新光社、二〇〇八年刊）という本がある。

赤祖父は冒頭に次のように言う。

「この本の要約と結論を最初に述べてしまうことにする。それは、現在進行中の温暖化の大部分（約六分の五）は地球の自然変動であり、人類活動により放出された炭酸ガスの温室効果によるのはわずか約六分の一程度である可能性が高いということである。すなわち、現在進行している温暖化の六分の五は、「小氷河期」という比較的寒かった期間（一四〇〇～一八〇〇年）から地球が回復中のためである。寒い期間からの回復は当然温暖化であり、「小氷河期」は地球上で人類活動に無関係に進行する現象、すなわち自然変動である。この本では、少なくとも自然変動の可能性が充分あり、検討すべきであることをしめす。」（一一頁）

これが、彼の主張する科学的内容の結論である。彼は、一八〇〇年から地球の気温は一直線に上昇してきている、その原因はわからないが、これは人類が二酸化炭素を大量に排出する前からだから自然変動である、としているのである。

科学的内容としてはこのようにのべたうえで、彼の言いたいことは、日本政府への政策の提言にある。それは、この本の本文の結論部分で凝縮的に明らかにされている。

彼は次のように言う。

「日本以外の国は建前と本音の役目を上手に使い分けている。日本は正直すぎてそれができていないようである。」（一七五頁）

「実際、各国がエネルギーについて何をしているかをよく見るべきである。一週間に一つの火力発電所の建設をし、世界各地で石油や鉄鉱を買いあさっている中国のしたたかさに注目すべきである。中国の二〇〇〇年以後の石油消費量はすでに二〇〇〇年以前の二倍になったとのことである。（将来中国にエネルギー源のおこぼれを依頼するような立場におかれぬよう注意すべきではないか）。さらに特にヨーロッパ連合（ＥＵ）の狡猾さと彼らおよびＩＰＣＣの世界制覇術がわからないようでは仕方がない。ある意味では米国議会はＥＵ諸国よりこの問題については正直（本音）であったかもしれない（もともと地球温暖化問題は学問とは別の問題のために始まった）。日本は馬鹿正直にＥＵにしたがっている。……いずれにせよ、どの国もグローバル資本主義の下で化石（炭素）エネルギーを使って生き残ることに必死なのである。

祖国日本を離れて見ていてつくづく感ずることは、国際情報については日本はまだまだ極東の島国であるということである。」（一七六頁）

「祖国日本」の国益を追求するためにはどうすればいいか、と彼は考えているのである。グローバル資本主義のもとで生き残るために、日本は建前と本音を使い分けて、化石（炭素）エネルギーをどしどし使うようにせよ、と彼は日本政府に提言しているのである。グローバル資本主義のもとで生き残る、としていることに端的にしめされるように、彼は、日本の資本主義の発展を希求するという立場にみずからがたつことを鮮明にしているのであり、石油や石炭を大量に使うことを利益とする日本の独占資本家たちの意志を体現しているのである。彼は、地球を汚染から守りたいと願う良心的な人びとの立場にたっているのではない。ましてや、独占資本家たちに日々搾取され収奪され苦しんでいる労働者たちや勤労者たちの立場に、彼はたっているのではない。

われわれは、本を読んだときに、その著者がどのような立場にたっているのかを見抜く必要があるのではないだろうか。その著者が、どのような政治的目的を貫徹するためにその本を書いているのかを、われわれは読み取らなければならないのではないだろうか。

アメリカの保守派の立場

アメリカでベストセラーになった本がある。日本では、S・フレッド・シンガー、デニス・T・エイヴァリー著、山形浩生、守岡桜訳『地球温暖化は止まらない――地球は一五〇〇年の気候周期を物語る』（東洋経済新報社、二〇〇八年刊）として出されている。

この本は「日本語版への序文」において、リチャード・W・ラーンの書いた文章で、次のように紹介されている。

「シンガーとエイヴァリーの著書は入念に調査が行われていて注釈も充実している（環境恫喝派の文献とは大違いだ）。かれらが述べるように「一五〇〇年周期は、温室効果理論のモデルによる証明されていない学説とは違う。気候の一五〇〇年周期は、世界中の各種物理的な証拠に基づく本物のものなのだ。」」（六頁）

実際、この本は、理論的には「気候の一五〇〇年周期」説を唯一の武器にして切り盛りしているものであり、いまはこの一五〇〇年周期の気温上昇局面にあたるので、二酸化炭素を削減しても温暖化は止まらない、と主張しているものなのである。一五〇〇年という数値が出てくる論文を多くピックアップしそこから引用して、それを基礎づけにしているわけである。

しかし、「気候の一五〇〇年周期」といわれているものについて研究したところの、宇宙線物理学・太陽物理学・宇宙気象学を専攻する日本の学者・宮原ひろ子は、次のように言っているのである。

「太陽活動には一〇〇〇年周期あるいは二〇〇〇年周期しかありませんが、気候データのアップダウンは一五〇〇年周期という変な周期を示していたのです。」「地層から取り出した気候データを扱う際にやっかいなのは、地層ごとの年代を必ずしも十分に調べることができないという点です。さらには、年代を測定したとしても、必ず誤差がつきまといます。変動の周期性を調べるうえで、この年代の誤差はとくにやっかいです。誤差が大きければ大きいほど、正確な周期性とはほど遠い値が出てきてしまうためです。事実、私が東京大学大気海洋研究所のスティーブン・オブラクタ研究員と協力してこの問題の再検証に取り組んだところ、年代誤差の大きさを考慮してデータの周期性を調べると、原因不明とされていた一五〇〇年周期が、実際には一〇〇〇年周期と二〇〇〇年周期というふたつの周期からなるということがわかったのです。つまり、単純に、太陽活動の一〇〇〇年周期と二〇〇〇年周期がそのまま氷期の気候変動を駆動していた、ということになります。」（冒頭に紹介した宮原ひろ子の書『地球の変動はどこまで宇宙で解明できるか』一二二～一二四頁）

シンガーらが引用している諸文章をいくら読んでも、一五〇〇年という数値が出てくるだけで、一五〇〇年という周期性そのものとそれをもたらしている要因の解明が根拠薄弱である、と私はおもっていたのであったが、宮原の本を読んで彼女のこの研究のほうが的を射ている、と私は感じたのである。

では、このような一五〇〇年周期説を振りまわしたシンガーらの立場はどのようなものであるのか。

彼らの本の訳者である山形浩生は次のようなことを紹介している。

「本書に対する批判としては、著者についてものがある。著者の一人エイヴァリーは保守派シンクタンクに所属。また一方のシンガーはかつて、喫煙（特に副流煙）による健康被害を疑問視する論文を発表したことがあり、それもあって一部では産業界のお先棒かつぎと見られている面がある。また、温暖化対策反対の議論が先にあって（かれはそうした内容の本を何冊か発表している）、それに合うようにこの一五〇〇年周期の理論を引っ張り出してきた、という批判もある。だがその一方でかれは、ＩＰＣＣにも名を連ね、学問的に一流の成果をあげているまっとうな科学者だ。レベルの低い人格攻撃で棄却していい存在でもない。」（三九一頁）

この訳者が言うように、書物の内容を、レベルの低い人格攻撃で棄却するのは明らかに誤りである。シンガーらは、彼らの専門分野ではまっとうな科学者だ、とおもわれる。

しかし、彼らは気候の一五〇〇年周期といわれていることそのものを自分で研究してはいない。他の研究者たちの論文から引用しているだけである。しかも、私がいま見たように、宮原ひろ子の研究のほうが正しい、とおもわれるのである。

このようにその主張の内容を検討したうえで、シンガーらはどのような人物であるのか、彼らはどのような立場にたっているのか、ということが問題としてうかびあがってくるのである。そうすると、彼らは、二酸化炭素削減という温暖化対策に反対する、ということをあらかじめ考えており、これを政治的目的として、それに合うようにこの一五〇〇年周期の理論を引っ張り出してきたのだ、というように、ほりさげて分析していくことができるのである。

彼らは、今日のアメリカ大統領トランプをささえている部分につらなる共和党保守派の意志を代弁しているのであり、自国で豊富に産出する石油や石炭などの化石燃料を心おきなく使って膨大な利潤を手にしたいアメリカの独占資本家たちの利害を体現しているのだ、といわなければならない。

われわれはこのことを見抜かなければならない。

シンガーらがこの本を書くために駆使したやり方を考えても、そのようにいえるのである。

彼らは、インターネットで、「気候　一五〇〇年周期」というようにキーワードをうちこんで検索して、出てきた諸論文からその周期の表現がある部分を片っ端から引用する、というようなやり方でその本をつくった、とおもわれるのである。

これはＩＰＣＣのやり方と同じである。ＩＰＣＣは、自分たちに都合のよい諸論文を膨大な数、インターネットで引っ張りだし、これをもとにして、観測された諸物理量の関係式をつくっている、と考えられるからである。

アメリカの学者たちのなかで、現存支配秩序を維持することをおのれの任務と考えている者たちは、伝統的なプラグマティズムでこり固まった頭でもって・このようなやり方を駆使することが科学的な研究だ、とおもいこんでいるのかもしれない。

シンガーらはアメリカの立場を次のように説明している。

「アメリカは、西ヨーロッパ人たちほど京都議定書に熱心になれない理由を少なくとも四つ持っている。

まず、アメリカの二大政党制と、勝った側が総取りする大統領選挙制のおかげで、環境運動はアメリカの権力構造で周縁的な役割しか果たせない。西ヨーロッパの政府はほとんど常に連合政府なので、少数派のエコ政党でも支持者たちを一貫して投票所に動員できれば、重要な政治的発言力を獲得できる。

第二に、アメリカは広くて経済も散在しているので、伝統的に燃料税がかなり低い。

第三に、アメリカは燃料費の低さを経済成長へのメリットと考えてきた。それは多くのよい仕事を生み出し、魅力的な郊外生活を創り出す。ヨーロッパは都市社会を自認しており、伝統的に高速道路交通よりも都心居住と補助金つき鉄道を重視してきた。ヨーロッパの政治家たちは、アメリカの企業にもヨーロッパと同じくらい高いエネルギー税を背負わせたくてたまらない。そうすれば、大量失業にあえぐヨーロッパの福祉国家に対する政治的圧力もやわらぎ、第三世界への輸出も拡大し、アメリカの近年のずっと高い経済成長も抑えられると期待しているのだ。アル・ゴアとクリントン政権がアメリカ経済を京都議定書のエネルギー制約下に置こうとしたとき、西ヨーロッパは大喜びだった――そしてジョージ・W・ブッシュがそれを取り消したときにはひどくがっかりした。

第四に、京都議定書は排出の基準となる年として一九九〇年を選ぶことで、いくつかの重要なヨーロッパ諸国を有利にした。イギリスは、古い赤字炭坑の多くを閉鎖し、産業をきれいに燃える北海天然ガスに転換することで京都議定書の点数を稼げた。ドイツは公害だらけでエネルギー効率最悪の旧東独産業を一掃することで得点を稼いだ。フランスは多数の標準化された原子力発電に大きく依存していたので、京都議定書はどうでもよかった。

ジョージ・W・ブッシュ大統領が政権を握ると、京都議定書を「根本的な点でどうしようもない欠陥をもつ」と叫び、それを支持しないことにした。」（三六二～三六四頁）

これは、シンガーらがアメリカ権力者を支持する立場にたってその立場を説明したものだ、といいうる。ここで、「アメリカは」というように、アメリカ丸ごと、すなわちアメリカの支配階級と被支配階級とをいっしょくたにしているところのものを、「アメリカの権力者および支配階級は」というように読みこむならば、ここでのべられている分析はほぼ正しい、といえる。私がすでに書いてきたことに加えて、この文章の内容をもとにして分析をより詳しくする、というほどの必要はない。

私が注目したのは、ここに書かれてあるその第一の部分である。アメリカを除くほとんどすべての国の権力者が「二酸化炭素削減」を叫ぶのはなぜなのか、ということを明らかにするために、私はこの部分に注目したのである。この問題は、私が最初のほうで残した問題そのものである。

各国の権力者が「二酸化炭素削減」を叫ぶのはなぜか

西ヨーロッパ諸国の現実を見るならば、これらの国ぐにの権力者は、みずからの権力基盤をうちかためるために、環境保護を掲げる政党をみずからのもとにからめとることを策している、ということができるのである。

では、環境保護を掲げる政党とその運動が台頭してきたのはなぜなのか。

もちろん、地球環境の汚染が深く急速にすすんでおり、世界各国の人びとがこれに危機意識をいだいている、ということを、それは物質的基礎とする。

この物質的基礎を確認したうえで、われわれは階級闘争の現実をみなければならない。

西ヨーロッパ諸国の民衆は、ロシア革命にあこがれをいだき、このロシアが、共産主義というまだ見ぬ理想郷を実現してくれるのではないか、という期待をみずからの心の奥底にかすかにうずかせていた。だが、現にあるソ連の官僚主義的変質とその現代ソ連邦の崩壊は、彼らのその心そのものをうちこわした。彼らは、明日は今日よりも良くなる、という希望をもてなくなっていた。

これよりも前に、イギリスのサッチャー、アメリカのレーガン、日本の中曽根らの権力者たちが、自国の現実に新自由主義政策を貫徹して、労働組合と労働組合運動を強権的に破壊した。イギリス以外の西ヨーロッパ諸国では、それよりもソフトなかたちで労働組合運動は瓦解においこまれた。すでに現存支配秩序をささえる労働貴族そのものに成り果てていた社会民主主義者と並んで労働組合運動を指導していた西ヨーロッパ諸国の共産党は、ソ連の崩壊とともに壊滅した。日本では、労働運動は総体として「連合」というかたちで帝国主義的労働運動というべきものに変質していたのであったが、一定の労働組合が、これに抗する労働運動を展開していた。

このようにして、労働運動という形態でのプロレタリアートの階級闘争は壊滅したのである。労働者たちは自分が労働者であるという自覚をもてなくなった。

西ヨーロッパ諸国を中心にして、ここに登場したのが、環境保護を掲げた民衆の運動なのである。この運動の主体はあらゆる階級・階層の人びとをふくむものであった。環境保護という要求は、民衆の切実な願いであると同時に、大幅一律賃上げや合理化反対の要求とは異なって、時の支配者にも容認できるものであったからである。この運動は根強いものであった。

この意味では、低賃金や過酷な労働やそして失業への労働者たちの不満と反発が徹底的におさえつけられたことのゆえに、おさえつけられた彼らのエネルギーが、環境保護の民衆の運動という・その主体もその要求も別のかたちをとって噴出した、ともいいうるのである。

環境保護を掲げて運動する人たちが、環境破壊をものともせず利潤を追求する独占資本家たちへの怒りをもやし、労働者として独占資本家たちとたたかうべきではないか、という自覚をもつ、とともに、不満を鬱積させていた他の労働者たちが、みずからの要求をも掲げてこの運動に参加すること、このことをくいとめるために、独占資本家たちの利害を体現する各国の権力者たちが、みずから率先して「二酸化炭素削減」を掲げたのであり、その目標を掲げたみずからの支配秩序のもとに労働者たち・勤労者たち・そして若者たちを編みこもうとしているのだ、といわなければならない。

各国の権力者と支配階級にとっては、環境破壊に危機意識と怒りを燃やす民衆の・そして若者たちの運動を、自分たち政府と企業家にお願いするだけのものにおしとどめておくことがどうしても必要なのである。

このゆえに、世界各国の労働者・勤労者・知識人・学生・中高生たちは、環境保護運動を、二酸化炭素削減を政府と企業家にお願いする、というような限界を突破し、権力者と支配階級がおそれる方向に発展させていかなければならない。

二〇一九年一〇月二七日

Ⅲ　脱炭素産業革命にもとづく諸攻撃をうち砕こう

〔1〕 はかないＦＲＢの資金注入効果

六月一一日のニューヨーク株式市場では、ダウ平均株価は終値で前日比一八六一・八二ドル（六・八九％）下落し、二万五一二八・一七ドルとなった。この下げ幅は史上四番目のものである。すでに東京市場でも、ヨーロッパ市場でも株価は下落していた。

これは、一〇日のアメリカ連邦準備制度理事会（ＦＲＢ）の決定に世界各国の投機屋どもが反応したものである。

その日、ＦＲＢは連邦公開市場委員会（ＦＯＭＣ）を開き、事実上のゼロ金利政策を二〇二〇年末まで継続するという見通しをしめすとともに、今後数か月のアメリカ国債と住宅ローン担保証券（ＭＢＳ）の買い入れ額を月一二〇〇億ドルにするとの目安を明らかにした。ＦＲＢは、今後の経済回復の見通しは暗いという認識に立脚して、このような政策をうちだしたのである。この認識に投機屋どもは反応したのである。

投機屋どもの諸行動という偶然性を媒介として資本制生産の経済的必然性は貫徹する。

この日の事態は、アメリカ政府・金融当局の資金注入によってのみ諸企業が生き延びているというアメリカ資本主義経済のはかなさをまざまざと見せつけたのである。

アメリカ政府は、第二次大戦時を上回る規模の赤字国債を発行して、国家資金を企業の救済に投入した。ＦＲＢは、この国債を市場から——無制限に買い入れるというかたちで——みずからのもとに引き揚げるとともに、諸企業や諸金融機関の倒産をくいとめるために、社債や証券を買うというかたちでそれらに資金を注入した。ＦＲＢは、二〇二〇年末までこの行動をつづけるという決意を表明したのである。

諸独占体と諸金融機関の人格的体現者たちは、この診断によって、自資本がどれだけ深刻な病巣におかされているのかを自覚したのである。

だがもちろん、ひとは自分の病気が軽いものだ、思いこもうとするのが常である。これと同様に、資本の人格化された形態たる人物もまた、自資本のありのままの姿に目をつむろうとするものなのである。いや、個々の資本は資本の盲目的運動に支配されているのであるからして、一寸先は闇なのである。

この盲目的運動をその根底から断ち切るために、全世界のプロレタリアートは自己を階級として組織し、階級的に団結しなければならない。

二〇二〇年六月一二日

〔2〕　日本企業総体の大株主が日銀――これぞ、ゾンビ資本主義!!

日銀は六月一六日まで開いた会合で、国債を無制限に買い入れることなどの金融政策を維持することを決めた。企業の資金繰り支援は、一一〇兆円規模に増やした。

日銀は、現に、ＥＴＦ（上場投資信託）の購入もどんどん増やしている。今年のＥＴＦの買い入れ額は四兆四〇〇〇億円余りとなり、昨二〇一九年一年間のそれをすでに上回った。

こうして、日銀が保有するＥＴＦの総額は、東証一部に上場するすべての株式の時価総額の五％超（六％超という報道もある）となった。いまや、日銀が日本企業総体の大株主となっているのである。株式の時価総額というかたちでしめされる、日本企業総体の総資産は、日銀の資金注入によってのみささえられ維持されているのである。

これぞ、日本のゾンビ資本主義のあられもない姿なのである。

二〇二〇年六月一七日

〔3〕 たんなる旗でしかない、革マル派現指導部の〈反帝・反スタ〉

六月一四日の集会で革マル派代表は次のように叫んだのだ、という。

「今こそ万国の労働者は団結し、人民を熱核戦争の危機と貧困の奈落に沈める各国権力者を打倒せよ！　その闘いの旗は〈反帝国主義・反スターリン主義〉である！」と。（「解放」最新号＝第二六二五号二〇二〇年六月二九日付）

絶叫したときに「その闘いの旗は」と出てくるところが、壇上に立つ現在の革マル派の指導者らしい。彼ら革マル派現指導部にとって、〈反帝国主義・反スターリン主義〉は、場所的現在の闘いに貫徹する世界革命戦略なのではなく、ひらひらと空中に舞っている旗なのであり、そこに書かれている文字でしかないのである。

たとえ「各国権力者を打倒せよ」と言ったとしても、彼らは、スターリン主義をその根底からのりこえていくという立場にたってはいないし、破産したスターリン主義をその根底からのりこえていくための実践的理論的組織的格闘をなんらおこなってはいないのである。

二〇二〇年六月二五日

〔4〕　権力者の立場にたっての嘆き

「ＰＣＲはなぜ増えない――検査体制不備を居直る安倍」と題して、革マル派現指導部は言う。（「解放」最新号）

「ＰＣＲの検査体制について保健所・医療機関・検査施設がどのように連携して担っているのか、どこに・どのような問題があるのか――を、安倍はまったくつかんではいない。いや、つかもうとさえしないままに、専門家会議のいう「目詰まりがあった」という言辞を借用しているのだ。専門家会議の少なくないメンバーが「目詰まりが解消できないのは政府の責任」とみなしていることにもまったく気づかないのがＮＳＣ専制に安住している安倍である。」と。

革マル派現指導部は、日本の国家権力者・安倍とまったく同じ土俵に入り、同じ立場にたって、検査体制の不備をあれこれ問題にし、専門家の言うことを解釈しているのである。

考えてもみよ。日本の千葉県の会社が開発し製造した自動ＰＣＲ検査機を、フランスの医療・検査機関がどしどし導入し、その国でこの検査機が大活躍しているのである。

ところが、日本では、この検査機が、厚生労働省によって承認されてさえいないのである。

この一事をみても、政府・厚労省が、日本での新型コロナウイルス感染者の数を少なく見せかけるために、いろいろな手を使ってＰＣＲ検査を制限していることは明らかではないか。

その政府の頭目である安倍晋三にむかって、「まったくつかんでいない」だの、「つかもうとさえしない」だの、「まったく気づかない」だのと言って何になるのか。意図的にやっていることを、気づかないがゆえのこととして、安倍を免罪するだけの話なのである。

このような問題の仕方をする革マル派現指導部は、プロレタリア的な立場と価値意識を完全に喪失しているのである。

二〇二〇年六月二五日

〔5〕 シェール企業が経営破綻――ジャンク債購入策の限界露呈

アメリカの大手シェールオイル企業が経営破綻した。

シェールオイル・ガスの開発＝生産の中軸的企業であるチェサピーク・エナジーが、六月二八日に、南部テキサス州の裁判所に日本の民事再生法にあたる連邦破産法一一条の適用を申請した、と発表したのである。三〇年以上前に創業した大手のこの企業は、採算が取れない経営を自転車操業式の設備投資と技術開発によってのりきりをはかってきたのであり、負債は一一八億ドル（約一兆二六〇〇億円）に達する。これは、ここ数年で経営破綻したアメリカの石油・ガス企業のなかでは最大規模である。破産申請には、三〇社以上の関連企業も含まれる。現下の新型コロナウイルス感染症の蔓延にもとづく原油価格の急落を条件として、もはや、のりきりが不可能となったのである。

この企業の倒産は、原油価格の急落を条件としてすでに収益を悪化させている大手のエネルギーサービス会社（油井を掘るサービスなどの）やパイプライン運営会社に追い打ちをかけそうだ、という。

このチェサピーク・エナジーは、シェールガスの採掘＝生産に執念を燃やしていたジョージ・ミッチェルが開発した水圧破砕などの技術をいち早く取り入れるとともに、シェールガスを採掘する土地の権益を買いあさって伸長してきた企業であった。この企業は、メジャーに買収されることなく独立系であることを誇り、天然ガスの生産においてエクソンモービルに次ぐアメリカ第二位の地位にのしあがったのち、天然ガス価格の低落のもとで、多額の負債を抱え、各地のシェールガス田を次々と売却することによって経営を弥縫しつつ、シェールオイルの採掘＝生産に重点を移してきたのであった。

シェールオイルの生産がもっとも盛んなテキサス州とその周辺では、八割以上の企業が、生産の一時停止や減産を余儀なくされている、という。

アメリカ金融当局（ＦＲＢ）が、いくらジャンク債を買い支えしたとしても、独立系の大手シェールオイル企業を救うことができなかった、という事実が、いま、あらわとなったのである。すでに死に体と化している企業を、ジャンク債を買うというかたちでの資金注入によって、あたかも生きているかのように見せかける、というアメリカ金融当局の・アメリカ資本主義の延命策が、ここに、限界を露呈させたのだ、といわなければならない。

アメリカの現下の金融的構造の信用は失墜した。

これの波紋はどうなるであろうか。

二〇二〇年六月二九日

〔6〕 地下組織を結成してたたかう香港の若者たちを支援しよう！

中国習近平権力下の決議機関は、六月三〇日、香港での闘いを弾圧する国家安全維持法を可決した。

中国政府とその出先機関の強権的な支配と弾圧に反対してたたかう香港の労働者たち・若者たちは、地下組織を結成して活動し闘いを推進することに踏み切った。

日本の労働者・勤労者・学生たちは、中国政府のこの蛮行を弾劾し、不屈にたたかう香港の労働者たち・若者たちを支援し連帯してたたかおう！

二〇二〇年七月一日

〔7〕チェサピーク・エナジーどころではない！

大手で老舗のシェールオイル企業チェサピーク・エナジーが倒産した。ＦＲＢはこの企業を救えなかった。これは、アメリカの政府および金融当局にとって救わなければならないのは、累積債務まみれのこの企業どころではない、ということなのだ。

アメリカ財務省は、七月二日に、新型コロナウイルスの感染拡大によって打撃を受けた航空会社の資金繰りを支援するために用意した二五〇億ドル（約二・七兆円）の融資枠をめぐり、アメリカン航空グループ、スカイウエスト、ハワイアン航空など航空会社五社と融資条件で合意した、と発表した。

アメリカの政府および金融当局は、これまでは優良であった企業を救うために必死なのである。それだけで手いっぱいなのだ。

アメリカ政府は右の支援策とは別に、旅客航空業向けに、労働者の賃金に充てる補助金など二五〇億ドル分の支援策をすでに実施している。アメリカン、ユナイテッド、デルタ航空の大手三社は計約一六〇億ドルの支援を受けた。

航空業界だけでもこれだけ大変なのだから、政府・金融当局の手がまわらないところや、切り捨てざるをえないところが当然にもでてくることになる。

二〇二〇年七月五日

〔8〕 コロナ危機、公的年金積立金を直撃！

公的年金の積立金を運用する年金積立金管理運用独立行政法人（ＧＰＩＦ）は、七月三日に、二〇一九年度の運用実績が八兆二八三一億円の赤字だった、と発表した。この赤字額の大きさは、リーマンショックの生起した二〇〇八年度に次いで過去二番目である。

政府が、株価をつり上げるための手段として年金基金を活用するために、運用資産全体に占める国内外株式比率の目安を二〇一四年に計五〇％に倍増したことが、新型コロナウイルス感染拡大の影響を食らって、このような結果をまねいたのである。政府とＧＰＩＦ当局は、われわれの貴重な年金積立金をこれだけ減らしたのである。

二〇一九年度末時点での運用資産総額が一五〇兆六三三二億円というように、見た目の数字は大きくとも今後の年金給付のためにはまったく足りないのであり、この額それ自体が、日銀がＥＴＦ（上場投資信託）の購入の累積というかたちで、日本の株式企業総体の大株主となっているかぎりにおいて、維持されているものにすぎないのである。年金基金は、この薄氷の上に築かれているのである。

新型コロナウイルスは、この年金基金の体内深くに巣食ったのである。

二〇二〇年七月六日

〔9〕反スターリン主義運動を再創造しよう！

われわれは、腐敗し変質した革マル派現指導部を打倒し、革マル派組織を革命的に解体し止揚するために、二〇一九年早春に、革共同革マル派（探究派）を結成した。われわれのこの独自のイデオロギー的＝組織的闘いを、すなわちこの独自の形態における分派闘争をよりいっそう強固におしすすめていく、とともに、わが探究派組織を反スターリン主義組織として形態的にも実体的にも強化し確立していくために、われわれの主張と、一年あまりの闘いの教訓を、われわれは、ここに、書物として明らかにする。これが、『コロナ危機との闘い　黒田寛一の営為をうけつぎ反スターリン主義運動の再興を』（プラズマ出版、二六三頁、定価　本体二〇〇〇円＋税）である。

二〇二〇年七月九日

〔10〕「強欲なブルジョアどもを幻惑するスターリニスト権力者」?!

革マル派現指導部は、「「社会主義市場経済」などという強欲なブルジョアどもを幻惑する看板の背後に隠してきたスターリニスト権力者としての血塗られた本性」などということを言いだした。（「解放」最新号＝第二六二七号二〇二〇年七月一三日付）

彼らは、自己の錯乱を錯乱と感じえないほどまでに、その感性と理性を麻痺させてしまったのである。

ここに言う「強欲なブルジョアども」とは、中国のそれ、ということを意味するのであろう。

中国に、強欲なブルジョアどもの存在を、彼らが現認した、ということなのであろう。「幻惑する」ということだから、幻惑しなければならないほどに、スターリニスト権力者は、この「強欲なブルジョアども」を、自己の権力の基盤にしている、と彼らは認識した、ということなのであろう。

まさか、この「強欲なブルジョアども」とは、外国のそれをさす、ということはないであろう。いくらなんでも、外国の強欲なブルジョアどもを幻惑するために、中国のスターリニスト権力者は、「社会主義市場経済」という看板を掲げている、などというように、彼ら指導部が認識している、ということはないであろう。

それにしても、〈スターリニスト権力者が、自国の強欲なブルジョアどもを幻惑するために、「社会主義市場経済」という看板を掲げているのだ〉などと、革マル派現指導部が言うのは、史上はじめてのことだ。これまでは、自国の労働者・人民を欺瞞するために、スターリニスト権力者はこの看板を掲げている、という主張であったはずである。

彼ら現指導部は、スターリニストのなし崩し的修正の手法を借用して、自己の主張をなし崩し的に修正したのである。

それにしても、〈スターリスト権力者が、自国の強欲なブルジョアどもを幻惑する〉と書いても、これを、言語矛盾である、と感じないとは!!

もはや、彼ら現指導部は、スターリン主義とは、強欲なブルジョアどもを自己の権力の基盤として・強権的な支配体制を敷く者である、というように把握している、ということなのである。

彼ら現指導部は、現存する中国の政治支配体制をスターリン主義とみなしたうえで、これに、自己のうちにわきあがる・ブルジョア民主主義の価値意識につきうごかされて反発している、というだけのことなのである。

彼ら革マル派現指導部は、破産したスターリン主義をその根底からのりこえていくという立場を捨て去りふみにじって久しいのである。

二〇二〇年七月一一日

〔11〕　裁判に依拠して破産した梅里よ！　そう指導して破産した川韮よ！

われわれが梅里と名づけたところの、解雇撤回闘争を裁判に依存するかたちでたたかって破産した革命的フラクションメンバーよ！

われわれが川韮と名づけたところの、この闘争を指導して破産し・ついにトカゲのしっぽ切りとして組織的に処分された（最高指導部の一員であった）常任メンバーよ！

われわれが出版した本の諸論文に対決し、勇気をふるいおこしておのれを反省し、革マル派現指導部から革命的に決裂しようではないか！

二〇二〇年七月一一日

〔12〕中小・零細企業経営者に「ども」呼ばわり

革マル派現指導部は、わが探究派の批判に脅えて、自分たちは階級的立場を堅持しているのだと、虚勢をはることに汲々となっている。

彼らは言う。（「解放」最新号＝第二六二八号二〇二〇年七月二〇日付）

「この売り上げの減少をのりきるために中小・零細企業の経営者どもは、労働者に休業による賃金カットを強要するのみならず、多くの派遣労働者を、とりわけ外国人労働者を次々と雇い止めにしている。彼ら労働者の多くは住む家も失って路頭に放り出されているのだ。」と。

革マル派現指導部は、自己保身に駆られて、倒産・廃業にまで追いこまれている中小・零細企業の経営者、彼らをさす「経営者」という言葉に「ども」という蔑称までくっつけて、自分たちは階級的にみているのだ、と見せかけることに腐心しているのだ。涙ぐましいかぎりである。哀れである。

中小・零細企業の経営者を「ども」呼ばわりして、彼らを敵にまわすことはないではないか。政府および独占資本家どもに苦しめられている彼らに、労働者階級の立場にたつことをうながし、ともにたたかっていくことが肝要なのだからである。

革マル派現指導部は、わが探究派の批判に戦々恐々となり、下部の労働者たちや学生たちの目から自分たちの腐敗した姿をおおい隠し・彼らを欺瞞しなければならない、という意識と下意識に駆られて、何と錯乱してしまったことか。

とはいっても他面では、「休業を強いられてきた労働者たちが経営者から解雇されている」と、主客をアマルガムにした文を平気で書くというように、みずからの論理的無能力をさらけだすことには、革マル派現指導部は、無感覚であり、まったく恥ずかしさも感じていないのであるが。

二〇二〇年七月一六日

〔13〕 革マル派現指導部を打倒する分派闘争をともに展開しよう！

糸色望さん

あなたから、今年の二月に次のようなコメントをいただきました。

「マルクス主義の哲学徒であった若き黒田さんが反スターリン主義者たらんとして以降、一貫として追求してきた組織建設論に対する著作がないのはどうしてでしょうか？」「著作者の内部思想闘争の失敗とその根拠の切開こそが全ての著作の前提として据え置かれ、黒田さんがそうであったように反スタ運動の再構築が思想的にも組織的にも措定されていなければ全ての思索は黒田さんの思想の結果解釈以上のものをもたらさないと思うのですが、如何でしょうか？」と。

探究派として結集するわれわれは、革マル派現指導部が自己保身に駆られておこなった組織建設の官僚主義的歪曲をまさに組織建設論的にあばきだし、独自の形態での分派闘争をおしすすめ、反スターリン主義運動を再興するためにたたかいぬいています。

半年弱前に、先のように言明されたあなたは、われわれのこの闘いに思想的にも組織的にも主体的に対決し、革マル派現指導部を打倒するための分派闘争に決起すべきである、と私は考えますが、如何でしょうか?

われわれは、つねに場所的に、自己反省し、自己を変革することを拠点として、闘いを前におしすすめます。この自己否定の立場を、あなた自身が自己につらぬくべきではないでしょうか。

われわれは、これまでの闘いの教訓と、これからの闘いの指針と決意を、書物として対象化しました。松代秀樹編著『コロナ危機との闘い　黒田寛一の営為をうけつぎ反スターリン主義運動の再興を』が、それです。あなたがこの諸論文とここに対象化されているわれわれの闘いそのものに対決し、あなた自身が断絶と飛躍をかちとられることを、私は願ってやみません。

二〇二〇年七月一七日

〔14〕「こんなこともあるのかあ」と茫然自失となった常任メンバーよ！

あなたはいまなお、このブログを見ることさえもできない境遇にあるのかもしれない。

だが、あえて言おう。

あなたは、解雇撤回の闘いにおいて高裁で逆転完全敗訴の判決をうけた時、「こんなこともあるのかあ」と、茫然自失となってつぶやいた。

これは、あなたが、高裁では地裁判決（整理解雇は不当。会社の解散による解雇は正当。整理解雇から解散解雇までの賃金を会社は支払え、というもの）よりも悪い判決は出ることがない、と信じきっていたからである（高裁では、整理解雇は正当の判決）。当時の革マル派指導部のメンバーは誰もがそう信じきっていたのである。そうではないだろうか。

これは、あなた方が、この解雇撤回の闘いを裁判所および都労委に完全に依存するかたちでたたかうように、現場労働者同志たちを指導してきたことを、はしなくも自己暴露したものではないだろうか。

あなたは、組織指導者でもある理論家として、これまで、国家＝革命理論にかんする数々の立派な論文を書いてきた。だが、あなたは、この解雇撤回闘争の指針の解明に、おのれのうちに培い蓄積してきた国家＝革命理論を適用することを忘れた。

それほどまでに、あなたの主体はとろけてしまったのである。

なれない、小さな企業に結成された分会の闘いの指導であったから、という言い訳は許されないであろう。あなたは何年、労働者組織を指導する常任をやってきたのか。

あなたは、党指導部に叛逆した労働者同志たちを鎮圧することに失敗した責任をとらされ、トカゲのしっぽ切りのしっぽとして、常任を解任され組織的に処分された。

あなたは、同志黒田寛一が創造した反スターリン主義組織として信じ献身してきたわが組織がこのようなものに変質し腐敗したことが、そして何よりもおのれ自身がその一員としておのれの思想性も組織性も人間性もとろけさせてしまったことが、くやしくはないのか。

いまこそ、あなたは、おのれ自身の断絶と飛躍が問われている、と自覚すべきである。

二〇二〇年七月一九日

〔15〕低所得国は債務不履行の危機！

低所得国は、債務の返済ができないという危機におちいっており、日米欧の帝国主義諸国からの資金の注入によってようやく持ちこたえているにすぎない。

主要20か国・地域（G20）財務相・中央銀行総裁会議は、七月一九日、その共同声明において次のように言明した。

「低所得国

四二か国が債務支払いの猶予を要請しており、二〇年の猶予額は推定五三億ドルにのぼる。最大限の支援を供与するために、引き続き緊密に連携する。（二〇年末までが期限となっている）支払い猶予について、二〇年下半期に延長の可能性を検討する。」と。

ここに言う低所得国は、新型コロナウイルスの危機によって、資本主義国家としては死に体と化しているのであり、こうした国家が、帝国主義諸国家やその他の資本主義国家および国家資本主義国中国などからの資金の注入によって、生きているかのように見せかけられているのである。日米欧の資本主義経済および中国の国家資本主義経済が、国家資金の注入によって生きているかのように見せかけられている、というゾンビ資本主義の構造が、全世界的規模において、ここに再生産されているのである。

二〇二〇年七月二〇日

〔16〕 最低賃金の据え置き決定――労働者への犠牲転嫁を許すな！

七月二二日に、中央最低賃金審議会（厚生労働相の諮問機関）は、「今年度は最低賃金の引き上げの目安を示さない」「現行水準の維持が適当」という結論をくだした。最低賃金の据え置きの決定は、リーマンショック時の二〇〇九年以来のものである。

安倍政権は、新型コロナウイルス感染の拡大を要因とする経済危機をのりきるために、その犠牲の一切を労働者たちに転嫁する意志を鮮明にしたのである。

パート労働者を中心とする非正規雇用労働者たちは、首を切られ、あるいは勤務日数・勤務時間を削減され、生活苦のどん底に突き落とされてきた。これらの労働者たちの時給は、最低賃金の線にはりついていた。給食労働者たちや清掃労働者たちがもっともひどかった。それが、最低賃金を据え置く、というかたちで、これらの労働者たちを奈落の底に突き落とす決定を、政府はくだしたのである。

これらの労働者たちは、たとえ職をえていたとしても、労働時間が削減されているのだから、大幅な収入減となるのである。

このような決定を許すことはできない。

全国の労働者たちは、階級的に団結して、このような決定をくつがえすために、そして時給の大幅な引き上げをかちとるために、たたかいぬこう！

二〇二〇年七月二四日

〔17〕 コロナ危機直撃──三菱自動車、パジェロ工場閉鎖

三菱自動車は、過去最大の赤字をのりきるために、レジャー用多目的車「パジェロ」の製造を二〇二一年上期に終了し、岐阜県にある生産拠点の子会社「パジェロ製造」の工場を閉鎖す

ることを、七月二七日に正式に発表した。

会社は、労働者一〇〇〇人の大半を、岡崎工場に配置転換するとしている。だが、労働者たちを他工場に収容するかのように言うのは、名目上のことにすぎない。岐阜県坂祝町に生活拠点をもつ労働者たちの多くは、愛知県岡崎市にそう簡単には移住することはできないのである。多くの労働者たちは、やむなく退職することに追いこまれるにちがいない。あるいは、もはや新たな職がないことのゆえに、家族離れ離れになることを選択する以外になくなるかもしれない。あるいはまた、一家で移住というかたちで、当人の妻は自分の職を辞し、子どもは転校を余儀なくされるかもしれない。

新型コロナウイルスの感染拡大にもとづく経済危機を独占資本家的にのりきるための行動は、自動車産業で働く労働者たちに、このような過酷な犠牲を強いているのである。

会社の発表によれば、二〇二〇年四～六月期連結決算は、売上高が前年同期比五七・二％減の二二九五億円であり、最終利益は一七六一億円の赤字（前年同期は九三億円の黒字）に転落したのである。

日本の基幹産業である自動車産業の大企業にしてからがこうなのである。

諸独占体およびその他のあらゆる資本制的諸企業は、政府および日銀による資金の注入によってのみ生きながらえているのである。トヨタをはじめとする諸独占体それ自体、日銀が大量に株を買いこんでいることのゆえに、すなわち、日銀が日本の企業総体の大株主となっていることのゆえに、その株価が現状の水準に維持されているのである。

このようにして国家資金によって生きながらえている諸独占体が、コロナ危機の犠牲を労働者たちに転嫁しているのである。

こんなことが許せるか！

労働者たち・勤労者たちは、階級的に団結して反撃の闘いを展開しよう！

二〇二〇年七月二八日

〔18〕　たたかって破産した者たちよ！

あなたはいまなお立ち直れないでいる、と聞く。

自分が先頭にたって組織し展開した闘いの総括を、すなわちこのおのれ自身の実践の総括を、徹底的におこなうことをぬきにしては立ち直ることはできない、と私は考える。

あなたは、地裁判決の直後に、「裁判所や都労委などの司法・行政機関で、労働者側の主張の正当性を認めてもらうことを自己目的化することの限界について考えさせられている。」と書いた。

だが、あなたは、自己の実践へのこの否定的直観を貫徹して、闘いの総括をおこなうことはできなかった。この否定的直観の貫徹は、革マル派中央指導部の自己への指導にたいする批判と否定につきすすまざるをえなかったからである。

あなたは、自己のうちに培い蓄積してきた国家=革命理論を、おのれの実践の総括に貫徹することを放棄した。あなたはくじけてしまった。労働運動とはこういうものなのか、と解釈し自己を納得させることに、あなたは腐心した。

そして、あなたは、当時の革マル派中央指導部と、手取り足取りで自分を直接に指導した中央労働者組織委員会メンバーに屈服しつき従った。

こうして、あなたは、高裁と都労委に、よりよい判決・決定を出してもらうという方針のもとに突っ走った。分会内左翼フラクションのメンバーたちをこの方針のもとにかためた。

だが、高裁はそんなには甘くはなかった。逆転完全敗訴。指導部は、破産意識もなく、弥縫と取り繕いだけ。あなたは引き回された。あなたが組織した分会内左翼フラクションは壊滅した。

その後、あなたは新たな職場に就職した。あなたは、身も心も疲れ果て、組織会議で泣き崩れた。だが、誰も助けてはくれなかった。自分たちの指導と実践を否定的立場にたってふりかえろうと意志している組織指導者と組織成員はいなかったからである。

いまこそ、あなたは、自己の実践を否定的にふりかえるべきではないか。われわれの精神と立脚点は、対象変革＝自己否定の立場にたつことである。

われわれは、この闘いの総括を論文として対象化した。あなたは、勇気をふりしぼって、これに対決するべきではないだろうか。

これは、私からのあなたへの心からの呼びかけである。

二〇二〇年七月二九日

〔19〕「復職なき金銭和解反対」を掲げて突っ走ったあなたへ

もはや裁判で「解雇不当＝復職」の判決をかちとることはできない、と判断し、「金銭和解」を模索する組合執行部に反対し、あくまでも「復職なき金銭和解反対」を掲げて・裁判所と都労委の場で徹底的に論争して、「復職」はかちとれないまでも分会員たちとりわけ分会内左翼フラクションのメンバーたちに「反会社・反ダラ幹」の意識を醸成し彼らを強化する、というように追求するのは、倒錯しているのではないだろうか。

これでは、分会内左翼フラクションのメンバーたちに、裁判官や都労働委員をどのように説得すればいいのか、こう言えば説得できるのではないか、というような意識をかきたて、彼らに裁判と都労委によりいっそうの幻想をいだかせることにしかならないのではないだろうか。

彼らを強化する、というあなたの主観的意図とは裏腹に、彼らに裁判所および都労委によりいっそう依存するようにしむけ、ブルジョア支配秩序に依存する価値意識のもとに・会社に怨念をいだき組合幹部を恨む、という情念に彼らを凝り固まらせることにしかならないのではないだろうか。

このようなことにあなたが気がつかないのは、いや一度は直感したのにそれを投げ捨てたのは、自分がこれまで体得してきた国家=革命理論をこの解雇撤回闘争の指針の解明に適用することを放棄し、労働運動とはこういうものなのか、と革マル派中央指導部の指導につき従ってきたからではないだろうか。

われわれは、分会内左翼フラクションのメンバーたちに社会民主主義とスターリン主義のイデオロギーからの決別をうながし、彼らを・マルクス主義を体得した革命的労働者へと育てあげることを組織的目的とするのである。これが、われわれの組織戦術の労働運動の場面への貫徹をなすのである。あなた自身、このことを組織的目的としてきたのではないだろうか。

組合執行部を担っているのは、旧総評指導部の系列のその生き残りともいえる社会民主主義者である。第二インターのベルンシュタインの流れをくむ日本型社会民主主義者である。分会内左翼フラクションのメンバーたちを彼ら幹部から決別させるためには、このメンバーたちのうちに彼ら幹部の改良主義への否定をつくりださなければならないのである。解雇撤回の闘いを推進する団結を強化するためには労働者階級の解放をめざすという自分たちの意志をうちかためなければならない、改良をつみかさねるということをもってしては労働者階級の解放をかちとることはできない、というように、これらのメンバーたちを教育しなければならない。裁判所や都労委の場で徹底的にたたかう、という方針でもって彼らをかためて、これらの国家＝行政機関に依存する意識を彼らに植えつけている、というのでは、まったく逆のことをやっているのである。

このようなあなたとあなたを指導した革マル派中央指導部にたいして、組合を主体とした組合運動を組織的目的に従属させる・フラクションとしての労働運動という偏向である、と批判する、というのも誤謬である。あなたと中央指導部の考えている組織的目的が、われわれの組織的目的たりえていないことが、すなわちわれわれの組織戦術を貫徹するもので何らないことが、問題なのである。

裁判所および都労委への依存主義からの決別こそが問題なのである。

いま、あなたは、このことをふりかえり省察してほしい、と私は願う。

二〇二〇年七月三〇日

〔20〕コロナ感染をインフルエンザと見せかけたことの帰結

アメリカ商務省の発表によれば、同国の二〇二〇年四～六月期の実質国内総生産（ＧＤＰ）速報値は、年率換算で前期比三二・九％減となった。

このマイナス幅は、リーマンショック直後の二〇〇八年一〇～一二月期の八・四％減を大幅に超えるものである。

このような事態におちいったのは、トランプ政権がアメリカ国内での新型コロナウイルス感染の拡大を、その感染者をインフルエンザ患者とみなすというかたちで、隠蔽してきたからである。こうすることによって引き起こされたこの感染症の蔓延をおさえこむために、強硬な措置をとらざるをえなかったからである。しかもなお、トランプは強がりを言いつづけたことのゆえに、事態をよりいっそう悪化させた。

それでも、アメリカの株価は、大幅に急落した後に持ち直し、上下動をくりかえしながら上昇している。これは、アメリカ政府が独占体救済のために膨大な国家財政資金を投じ、かつ、アメリカ金融当局ＦＲＢが国債を無制限に購入するとともに、ジャンク債や堕天使債をふくむあらゆる社債・コマーシャルペーパー・証券などを買い支えてきたからである。

こうすることによって、金融市場に群がる者どもは富み、労働者・勤労民衆は、感染症の恐怖と生活苦のどん底に突き落とされてきたのである。

このようなことを許すことはできない。

労働者・勤労者たちは、反撃の闘いに起ちあがろう！

万国の労働者、団結せよ！

二〇二〇年七月三一日

〔21〕　ユーロ圏はＧＤＰ年四〇％減――アメリカを上回る減退

ユーロ圏一九か国の二〇二〇年四～六月期の実質域内総生産（ＧＤＰ）は前期比一二・一％減、年率換算では四〇・三％減となった。これはアメリカを上回る下げ幅である。

フランスは前期比一三・八％減、イタリアは一二・四％減、スペインは一八・五％減というように、新型コロナウイルス感染のひどかった諸国では、ユーロ圏全体よりも下げ幅は大きく、これらの国ぐによりもましなドイツもまた一〇・一％減というように、大幅な落ち込みであった。

ドイツのフォルクスワーゲン（ＶＷ）の四～六月期の連結決算は、最終利益が一六億七〇〇〇万ユーロ（約二〇〇〇億円）の赤字（前年同期は三九億六四〇〇万ユーロの黒字）であった。新車販売台数は、前年同期から三割以上減った。

ヨーロッパ航空大手のエールフランスＫＬＭの四～六月期の連結決算は、ドイツのこの自動車企業よりもひどく、最終利益が二六億一二〇〇万ユーロ（約三二四〇億円）の赤字（前年同期は七九〇〇万ユーロの黒字）であった。同社傘下のエールフランスは、この事態をのりきるために、労働者約七六〇〇人を削減することを計画している。

ユーロ圏の諸独占体は、みずからの経営危機をのりきるために、労働者たちに犠牲を転嫁し、労働者たちの首を切ることを画策しているのだ。

独占資本家どものこのような策動を許してはならない！

ヨーロッパの労働者たちは、反撃の闘いに起ちあがろう！

日本をはじめとして全世界の労働者たちは、連帯し団結してともにたたかいぬこう！

二〇二〇年八月一日

〔22〕シンボル操作！

革マル派現指導部が八・二国際反戦集会を機におしだしたのが次のテーゼであった。（「解放」最新号＝第二六三一号二〇二〇年八月一〇日付）

「現代世界は、〈パンデミック恐慌〉下で〈米中冷戦〉へと時代が急旋回をとげつつある。」

これぞ、シンボル操作！　官僚どもが下部活動家たちを、〈　〉を付した二つのシンボルでもって機能的に操作し、手足を動かすだけの活動に駆りたてる、というものが、これである。これは、わが反スターリン主義運動から脱落した後、ブクロ＝中核派官僚の頭目となったポンタ（本多延嘉）がやりはじめたのと同じやり口である。

この反戦集会のトップを飾ったのは、「まずはじめに、わが革命的左翼の四か月にわたる闘いを記録したビデオが上映された」、この・活動家たちがただ手足を動かすだけの映像であった。同時に発売された『新世紀』第三〇八号のトップを飾ったのは、「本号は冒頭に、パンデミック下の厳戒態勢を打ち破り決起したわが革命的左翼の全国での闘いを活写したカラー写真を掲載した」、この・活動家たちがただ手足を動かしているのをカラーで活写した写真であった。

革マル派現指導部の脱イデオロギー化は、かくもすさまじい！

二〇二〇年八月七日

〔23〕　中国の巨人ゲノム企業に危機意識丸出し

ロイターは、米英権力者の焦燥感をおのれのものとして、「中国の巨人ゲノム企業」への危機意識丸出しの記事を発信した。

「各国が新型コロナウイルスの検査に奔走するなかである中国企業の名前が世界中で大きく取り上げられている。その名はＢＧＩ（華大基因）。」というわけなのである。

この企業は、「過去六か月間で三五〇〇万セットのＣＯＶＩＤ-１９迅速検査キットを一八〇か国に販売し、一八か国に五八か所の検査施設を建設した」、と公表しているのだという。しかも、「検査キットだけではなく、遺伝子配列を解析するシーケンサー技術の販路も広げている」のだという。

「ＤＮＡシーケンサーはウイルスの遺伝情報と患者の遺伝情報を関連付けるうえで有用である」とされる。

だが、ここに問題が生じる。

全米科学アカデミー、全米技術アカデミー、全米医学アカデミーがとりまとめた「バイオエコノミーを守る」と題された報告書がある。

「それによると、国家・軍の意志決定者の遺伝子組成とその行動傾向に関する知識が敵対国の情報機関による工作手段として利用される恐れがある。さらに、遺伝子データを通じて特定の疾病に対する米国の脆弱性が露呈するという。」

「DNAの一部があれば個人を特定できる。また複数の研究者が抑うつ障害などの症状と遺伝子との関連を発見している。科学・医学の専門家が一月に米国家情報長官室のためにまとめたこの総合報告書によれば、敵対的な主体が、監視や恫喝、誘導の対象とする個人を絞り込むために、こうしたデータを利用する恐れがあるという。ただし、この報告書では、そうした関連はまだ十分に理解されていないとも指摘されている。」

これが、アメリカ情報当局および国家権力者の危機意識なのである。

アメリカ権力者トランプが、国内での新型コロナウイルスへの深刻な感染を隠蔽したことを要因とするのであるが、まさに特定の疾病＝新型コロナウイルス感染症にたいするアメリカの脆弱性をまざまざとあらわにした。

新型コロナウイルス感染症に対処するために、各国においてこのウイルスの遺伝情報と患者の遺伝情報とを関連付ける検査および研究が進展するならば、そして、アメリカをとりまく多くの国ぐにに、この中国の巨人ゲノム企業のもつＤＮＡシーケンサー技術が寄贈され、その機器が設置された検査施設が多数建設されるならば、新型コロナウイルス感染症に対処するための国際的な連携のもとで、アメリカで解析されたこの国の人びとの遺伝情報が中国のこのゲノム企業に、したがって中国政府に流れかねないのである。この企業は、この施設を、孫悟空がもつ・罠を見破る能力にちなんで「火眼」と名づけているという。

アメリカの特定の政府職員や特定の高級軍人やまた特定の情報局員がどのような疾病に弱いのかをこの「火眼」によって見破られ・そこにつけこむかたちであやつられることを想像することは、アメリカ国家情報長官にとって愉快なことではない。いや、トランプその人が危ない！

アメリカの国権力者と情報担当者は、遺伝情報の解析と世界中の人びとの遺伝情報の収集において中国にうちかつために必死になっているのである。

二〇二〇年八月一〇日

〔24〕 組織成員としての資質を相互に変革することが大切であること

私は、「感情がない」、「相手の気持ちがわからない」、「政治的感覚が鈍い」と批判された。私はこの批判をうけとめ、私自身のこの・組織成員としての資質を変革するために努力してきた。この自己変革のために、一日中、音楽とラジオを聞いていることもあった。情感の乏しい私にとって、このことは、私の情緒と心を、欠損だらけの人間的土台のうえにではあれ、ゆたかにしてくれるものであった。

しかし、根本的には、組織成員である私の・組織成員としての資質の変革は、私がつねに組織成員としての自覚にたってひと（他の組織成員および組織外のひと）に相対しふれあうことそのもの、そしてこの私自身を凝視しふりかえりつくりかえていくことにおいて、なしうるのだ、と私は感じる。

二〇〇五年以降の、私の闘いと日常生活は、私自身の・組織成員としての資質をふりかえり、なお無自覚であったその欠損部分を自覚し、これをつくりかえつくりだす自己格闘そのものであった、と私には感じられるからである。

そしていま、同志たちとの思想闘争そのものにおいて、私は私自身の欠陥や弱さがどこにあるのかを自覚的につかみとり、これを克服することに苦悶している。

私自身のこの経験と私の今をとおして私が同時に感じるのは、私が面々相対している同志を変革するためには、私が全実存をかけてこの同志にせまらなければならない、ということである。これは、あまりにも当然のことであるのかもしれない。しかし、私は、どうしてもこの思いに駆られるのである。

二〇二〇年八月一三日

〔25〕 反発的主体性

私が、一つの事態に直面してわれわれの運動＝組織づくり上の欠陥を自覚しそのことについてふりかえり組織的に論議を深めていったときに、当のその活動の尖端を担っていた同志が、私に、あらぬ理由をこしらえては攻撃しだした。彼は、自分自身が反省しなければならないと感じ、そのような組織的な反省論議に入らせないようにしたのである。

私はおどろいた。われわれの組織の成員たるものがこのような態度をとるのか、と感じた。私は、彼の私への批判の一つひとつに、その批判はおかしい、ということを明らかにし、いま組織的に論議している問題について自分自身がどうであったのかをふりかえり反省すべきである、と提起して論議したのであったが、打開することができなかった。

彼が、自分を批判するみんなの一人ひとりを攻撃しだした、ということに直面して、彼は自己否定の立場にたたないのだ、と私は自覚した。

これは、彼の・未変革のままにのこされてきたものであり、彼の・組織成員としての資質の欠陥である、といえる。

このことは、よく言われるような、同志から批判されたときに、その批判をうけとめるのかどうか、というようなこととは異なる。これは、自己否定的であるのかどうか、あくなき自己変革の意欲と意志にもえているのかどうか、という問題なのである。

われわれの組織の建設において、このことが決定的である、と私は感じる。

二〇二〇年八月一四日

〔26〕 人間変革への無関心

革マル派現指導部に叛逆した組織成員は、自己否定の立場にたっていないばあいには、自己が問題意識をもった或る一定の狭い部面での批判にこだわりつづけているのを常とする。自己脱皮すると意志しないのであるからして、これは当然のことではある。

彼は、人間変革ということに関心をもたない。彼は、おのれ自身を変革する、という意欲に燃えていないのであるからして、これは当然のことではある。他の同志やオルグ対象をいかに変革するのか、ということに彼が悩まないのは、彼のおのれ自身へのたちむかい方の反面であるにすぎない、ともいえる。彼には、おのれ自身の・組織成員としての資質の欠陥は何であるのか、とおのれ自身に問い、自己を見つめ凝視し、この欠陥を克服するために自己自身を不断に訓練する、という・ふつふつと湧きあがるものがない。

彼は、革マル派内部に発生したくいちがいや対立を、意見の対立、あるいは路線上の対立としてしかとらえることができない。同志を変革するために、同志を変革しうるものへとおのれを変革するために、悩み苦しみ、そして挫折した・この苦悶を感覚しつかみとることができない。

二〇二〇年八月一五日

〔27〕 日本のGDP年二七・八％減

内閣府が八月一七日に発表した二〇二〇年四〜六月期の国内総生産（GDP）速報値によれば、実質GDPは一〜三月期に比べて七・八％減、年率換算では二七・八％減となった。これは、リーマンショック後の二〇〇九年一〜三月期の一七・八％を超える戦後最大のマイナス幅である。

個人消費が前期比八・二％減となったことにしめされるように、新型コロナウイルス感染拡大を阻止するために政府がとった外出規制などの措置にもとづくものである。

同じ年率換算の数値が、アメリカが三二・九％減、ユーロ圏一九か国が四〇・三％減、イギリスが五九・八％減であったのに比するならば、日本のマイナス幅がそれよりも小さかったのは、欧米でのロックダウン（都市封鎖）よりも、日本での措置が強制力の弱いものであったことに規定されている、といえないことはない。

しかし、日本では、消費税率が一〇％に引き上げられたことの影響をうけてすでに二〇一九年一〇～一二月期にはマイナス成長に転落していたのであり、三期連続のマイナス成長となったのであって、マイナスの地平を基準としたマイナス幅が二七・八％ということなのである。経済の収縮度合いが大きく、それだけ労働者・勤労民衆はきびしい生活苦につき落とされているのである。

このような状況のもとで、政府は、巨大独占体・大企業および大金融機関を救済するために、赤字国債を発行して得た国家資金をこれらに注入しているのであり、日銀は、赤字国債を無制限に買い入れるという措置をとるとともに、コマーシャルペーパー（ＣＰ）や社債を買い・株価をつり上げるというかたちで、死に体と化した資本家的諸企業をささえているのである。

このようにして国家資金を注入された独占的諸企業が、労働者たちの首を切り、中小企業や個人経営を倒産に追いこんでいるのである。

こんなことを許すことはできない。

労働者・勤労者たちは階級的に団結して、反撃の闘いに起ちあがろう！

二〇二〇年八月一八日

〔28〕 哀れな・奇妙な論理

革マル派現指導部は奇妙な論理を使う。

彼らは言う。（「解放」最新号＝第二六三一―二六三三合併号二〇二〇年八月二四日付）

「みずからは、在日米軍とともに日本国軍が「敵基地攻撃」という名で相手国領域内において敵国基地に先制攻撃する能力を保有することをめざしている。」と。

ふつう、「……という名で……を」という表現を、すなわち、もっと日本語らしい言い方をすれば「……という名のもとに……を」という表現をわれわれが使うばあいには、「という名で」ないし「という名のもとに」の前の部分では、この行為者（ここでは日本政府）がみずからの行為あるいは目論見を正当化するイデオロギー的言辞をつきだし、そのあとの部分では、その行為者の悪辣な行為あるいは目論見をあばきだすのである。

だが、いまや傲慢にも、日本独占ブルジョアジーの階級的意志を体現して日本政府は、みずからの「敵基地を先制攻撃する」という目論見を、敵は悪辣なのであるから敵基地を先制攻撃するのは当然である、というイデオロギーでもって正当化しているのである。彼らは、反中国・反北朝鮮の排外主義的ナショナリズムのイデオロギーを内と外に露骨に貫徹しているのである。

ところが、革マル派現指導部は、このようなことを何ら暴露することなく、ただただ、美名に隠れて悪いことをするということを意味する「……という名で……」という表現を使いたい一心で、そのような構図を文章表現上でこしらえあげることに必死なのである。

なんと愚かなことか。哀れである。

敵国とは中国や北朝鮮をさすのであるから、敵国基地は相手国領域内にあるのは当たり前なのに、同義反復であることをもかえりみず・わざわざ「相手国領域内において」と書いて、このことが悪いことであるかのように押し出しているのである。

しかも、彼ら現指導部は、安倍は「アメリカに日米安保の鎖で縛られた「属国」日本の宰相として」というように、日本がアメリカの「属国」であるがゆえにこんな策動をやるのだ、と反米民族主義を丸出しにしているのである。

これを書いたあと一〇行もしないうちに、「この政権は、ブルジョア政府の「危機管理能力」さえも喪失して」いる、と書くというのでは、何をかいわんやである。

「ブルジョア政府の「危機管理能力」」なのだから、こんなことを書けば、「敵国基地を先制攻撃する軍事力」をもっと身につけよ、と安倍政権を尻押しすることになる、という感覚さえもが、彼ら現指導部にはないのである。彼らはプロレタリア的階級意識とは無縁となっているのである。

二〇二〇年八月二〇日

〔29〕 労働者の生活苦をよそに国家散布資金はアップル株に流入

八月一九日のアメリカ株式市場において、アップルの株価が上昇し、時価総額が一時二兆ドル（約二一〇兆円）の大台を超えた。これは、新型コロナウイルスの感染拡大を防ぐために政府および州当局が人びとの外出を制限したことに規定されて、スマートフォンやタブレットなどの需要が伸び、同社の業績が好調となっていることにもとづく。

だが、これは、トランプ政権が、生活苦につき落とされた労働者たち・勤労者たちを犠牲にして、巨大独占体・大企業を救済するためにこれらに注入した国家財政資金が、そしてアメリカ金融当局ＦＲＢが、国債を無制限に買い入れるとともに、コマーシャルペーパー（ＣＰ）や社債、しかもジャンク債までをも買い支える、というかたちで投入した企業救済資金が、金融資本家どもや投機屋どもの手に渡り、彼らが金融的利益を得るためにその資金を、伸長するアップルなどのＩＴ諸企業の株に投じた、ということによってもたらされたものにほかならない。

だから、まさにここに、トランプ政権およびＦＲＢによるコロナ危機対策なるものの階級的本質があらわとなっているのである。

アップルは、もともと、大量の自社株買いをおこなって株価をつり上げてきた。これに、すでに死に体と化している諸企業をあたかも生きているかのように見せかけるために注入された国家資金の同社への流入が加わったのである。

いま「Ｋ字」型回復ということが言われている。諸産業は二極分化をとげているからである。ＩＴ諸産業は好況を呈しているのに比して、コロナ危機に規定されて需要が急減退した航空産業や航空機およびその部品を製造する産業やその他の基幹的な諸産業の諸企業は、業績悪化の底に沈んだままだからである。いくら国家資金を注入されても、それは運転資金として外に出ていくだけだからである。

まさにそうであるがゆえに、アメリカ政府および金融当局は、この危機が金融諸機関の破綻としてあらわとなるのを防ぐために、金融諸商品の買い支えと株価のつり上げに必死なのである。

このようにして延命させられた諸企業が、労働者たちを大量解雇し、また個人経営者たちを廃業に追いこんで、のりきりをはかっているのである。

こんなことが許せるか！

コロナ危機の犠牲を労働者・勤労者に転嫁してのりきりをはかる政府および独占資本家どもに真っ向から対決し、アメリカの労働者たち・勤労者たちはたたかいぬこう！

全世界の労働者たち・勤労者たちは、彼らと国際的に連帯し、階級的に団結してたたかおう！

二〇二〇年八月二一日

〔30〕　太宰郷子よ！　解釈主義的学習法から決裂しよう！

太宰郷子の筆者が「太宰郷子」名で論文を書くのは何十年ぶりであろうか。

「解放」最新号＝夏休み合併号に載った、彼女の「「対象認識と価値意識または価値判断」について」という論文を、私は興味深く読んだ。

彼女は、水木章子よりもずっと若手の理論家の常任メンバーであった。けれども、彼女もまた、ここ何十年と理論論文を書いてはいない。別のペンネームで「記事」という程度のものを書いたことがあるのかもしれないが、それ以上のものはない。

この論文には、彼女のかつての見る影もない。かつてのはつらつとして学習意欲に燃えていたその姿は、そこにはない。

この論文もまた、理論家は健在である、ということを組織の内外にしめすために、革マル派現指導部がもちだしたものなのであろうか。

現指導部のこの姿は、あさましいかぎりである。彼女のその姿は、いたましいかぎりである。同志黒田寛一が、「対象認識と価値判断との統一」と書いていたところのものを「対象認識と価値意識または価値判断との統一」に改めた、ということについて、いろいろと文献を調べながら彼女は書いているのであるが、紹介以上のものは何もない。自分はこう理解する、というように、自分の解釈を展開する、ということ自体がないのである。

かつて自分の論文に同志黒田が加筆してくれた部分を全面的に抜粋して紹介しているにもかかわらず、そして何よりもその黒田の展開のなかに「価値意識にもとづく判断作用」というくだりがあるにもかかわらず、判断作用とは何か、判断とは何か、したがって、われわれが実践的立場にたって対象を認識する・このわれわれの実践的立場と対象認識と判断について、おのれの問題意識と視野をひろげふかめて学習することを基礎にして、当のテーマについて再考察する、というようなことを、彼女はまったくおこなっていないのである。

自分に課題と問題意識をあたえてくれるひとがいなくなれば、考えることも学習することも解釈することさえもできなくなった、という姿を、彼女はまざまざと見せつけた。

彼女は、黒田寛一の諸文献を、学習というかたちで解釈しはしたけれども、その文献を書いた黒田寛一の実践的立場と精神を何らおのれのものとしてこなかったのである。おのれの組織的主体性をつくってこなかったのである。

いや、このように言ってしまえば、私の脳裏に焼き付いている・彼女の元気はつらつの姿にそぐわない。彼女は、それなりにはおのれの組織的主体性をつくってきたにもかかわらず、革マル派現指導部のメンバーたちに盲従を強いられ、彼らにつぶされたのである。私にはそうとしかおもえない。

太宰郷子よ。彼ら革マル派現指導部と断固として対決し決裂し、おのれをつくりかえるためにわれわれとともに歩もうではないか！

二〇二〇年八月二五日

〔31〕　安倍、辞任を表明

日本の権力者・安倍晋三は、首相を辞任すると表明した。

権力者の首のすげ替えにたいしては、われわれは、コロナ危機を独占資本家的にのりきるための諸攻撃への労働者階級の反撃の闘いを組織することをもって答える。

二〇二〇年八月二九日

〔32〕　苦肉のゾンビ策――数字上でのアメリカ株価つり上げ

ニューヨーク株式市場のダウ平均株価を構成する銘柄が、八月三一日から入れ替えられる。

石油大手の「エクソンモービル」、製薬の「ファイザー」、そして防衛機器の「レイセオン・

テクノロジーズ」の三社が除外され、法人向けのデータ管理などを手掛ける「セールスフォース・ドットコム」、製薬の「アムジェン」、そして産業機械の「ハネウェル・インターナショナル」の三社が新たに組み入れられる。

これまでの三〇社のなかではもっとも古くから入っていた・メジャーズの「エクソンモービル」が除外され、これにかわってＩＴ企業が組み入れられることが特徴的である。

ダウ平均株価を構成する三〇銘柄には、「優良株」が選ばれるのだとしても、コロナ危機の真っただ中でこのような入れ替えがおこなわれたことに、アメリカ独占ブルジョアジーと彼らの利害を体現する国家権力者のなみなみならぬ意志をみてとることができる。

彼らは、現下の資本制的な生産・流通・消費の低落がアメリカの金融構造そのものの崩壊として露出するのをくいとめるために、アメリカの株価をつり上げる策を弄しているのであり、アメリカの株価が数字のうえで上昇していると見せかけるために、コロナウイルスの感染拡大のゆえに業績の低迷するエクソンモービルを除外して、活況を呈するＩＴ企業を組み入れた、ということなのである。

実質上死に体と化している在来の基幹的諸産業の諸企業を生きているものとして存続させるためには、これらの諸企業の株価が暴落しないようにしなければならない。株価の暴落をくいとめるためには、アメリカの政府および金融当局（ＦＲＢ）が、国家資金をこれらの諸企業に直接的に注入すると同時に、このようなかたちでばらまかれた資金が、株式市場を中心とする金融市場に流入するようにしておくことが必要なのである。逆から言うならば、諸企業の株価や社債などの価格やまたもろもろの証券の価格が、幻想的なかたちで維持されているのでなければ、諸企業の財務上の破綻がただちにあらわとなるのであり、諸企業の財務破綻は金融諸機関の倒産を惹起することとなるからである。

まさにこのように、アメリカ経済をゾンビ資本主義として維持するための方策の一つとして、銘柄のこの入れ替えがおこなわれたのである。

アメリカの独占ブルジョアジーは、アメリカの労働者階級を徹底的に搾取し収奪し、コロナウイルス感染の犠牲を彼らに転嫁して彼らを生活苦に追いこんだうえで、これを踏み台にして自己の延命に狂奔しているのである。

独占ブルジョアどものこのような策動をうちくだくために、全世界の労働者階級・勤労民衆は、階級的に団結してたたかおう！

二〇二〇年八月三一日

〔33〕 自分を大きく見せずにはいられない・みすぼらしく悲惨な精神

安倍晋三が首相辞任を表明したことに欣喜雀躍として、革マル派現指導部は叫んだ。（「解放」最新号＝第二六三六号二〇二〇年九月七日付）

「わが同盟を中核とする革命的左翼は、極反動攻撃をふりおろす安倍ネオ・ファシズム政権をついに打倒した。」

この言辞は、彼ら革マル派現指導部が、とるに足りない自分を大きく見せずには自分の心の安定を保つことができない、というみずからのみすぼらしく悲惨な精神をさらけだしたものにほかならない。

残念ながら、これ以上、言うことはない。

あとは、もはや、精神病理学者に彼らの診断をお願いするしかない。

二〇二〇年九月四日

〔34〕　世界の公的債務残高、第二次大戦直後を上回る

ＩＭＦ（国際通貨基金）は、世界各国の二〇二〇年の公的債務残高のＧＤＰ（国内総生産）にたいする比率が、過去最大の第二次大戦直後（一九四六年）を上回る、という見通しを発表した。

先進国（日米欧などの二七か国）のその比率は前年よりも二三・五ポイント上昇し、一二八・二％となる、という。一九四六年に記録したその値は、一二四・一％であった。新興国（二五か国）も、前年よりも一〇ポイント高い六二・八％になる、という。

新型コロナウイルス感染拡大とこれへの政府の措置にもとづく経済危機をのりきるために各国の政府がとった経済対策の総額は、少なくとも一一兆ドル（約一一七〇兆円）におよぶ。ＧＤＰにたいする財政支出の比率は、アメリカが一一・三％であり、日本一一・三％、ドイツ九・四％、オーストラリア八・八％、ブラジル六・五％、イギリス六・二％とつづいた。

公的債務残高の増大は、各国の政府が、このような経済対策のために国債を大量に発行した

ことにもとづくのである

いま、このような公的債務の増大が金融市場の崩壊をもたらすのをくいとめるために、各国の中央銀行は、国債を無制限に買い入れるという方針をうちだし、市場から国債を必死で買いまくっているのである。

金融資本が労働者階級を過酷に搾取したうえに、さらに労働者・個人事業者などの勤労者・弱小資本家などを金融的に収奪し、金融資産を膨大にためこんできた金融的構造を守るために、各国のブルジョア政府および中央銀行は狂奔しているのである。

世界の労働者階級・勤労民衆は、このような強搾取と金融的収奪をその根底からうちやぶることをめざして、国際的に階級的に団結してたたかおう！

二〇二〇年九月八日

〔35〕 黒田寛一の苦闘の結果解釈

革マル派現指導部は、「黒田寛一著作集の刊行にあたって」という文章を「解放」最新号（第二六三六号二〇二〇年九月一四日付）に掲載した。

これは、パトスも何もない結果解釈に満ち満ちたものである。

彼らは次のように言う。

「黒田寛一は、一九五六年のハンガリー事件と対決し全世界でただひとり反スターリン主義運動の創生に起ちあがった。」と。

「全世界でただひとり」などというのは、ハンガリー事件に主体的に対決しスターリン主義からの決別を決意した黒田寛一を、彼の主体そのものに何らせまることなくただ結果的に・時空を超えた宇宙船に乗って地球上を眺め、彼を賛美する言葉を自己の観念のなかで探し、通俗的な賛辞をひっぱりだした、というものでしかない。このような賛辞をもちだす者は、俗人そのものでしかない。

「全世界でただひとり反スターリン主義運動に起ちあがった。」——何という結果解釈!!　反スターリン主義運動が展開されている、というこの結果から、一九五六年の黒田を眺め、「ただひとり起ちあがった」と、この筆者は彼を解釈しているのである。この筆者の観念のなかでは、一九五六年の・生きた黒田はどこにもいない。黒田は、反スターリン主義運動という、これから創造すべき結果ないし到達目標を想定し、その創生に起ちあがったのではないのである。そんななまやさしいものではないのである。

黒田は、ハンガリー事件におのれの共産主義者としての主体性を貫徹し、これを主体的にうけとめ、おのれ自身がスターリン主義から脱却することを決意したのである。彼はハンガリー労働者の血の叫びをわがものとし、このおのれは、哲学上ではスターリンとその追随者たちを批判してきたけれども、政治経済学上ではスターリン主義の枠内にあった、と自覚し、この自己の変革を、みずからの思想的変革を決意し、思想的に格闘したのである。

先のような言辞は、自己変革を一度として真剣にやってこなかった者か、自己変革をとうの昔に投げ捨てた者のみが、吐きうるものである。

つづいて、「「非スターリン化」を要求して決起したハンガリー労働者の闘いを「労働者の母国」を任じるソ連の軍隊が圧殺した。」――何かしらけている。ソビエトを結成してたたかったハンガリー労働者を、クレムリン官僚のさしむけたソ連のタンクが圧し潰したのである。

さらにつづけて、「この画歴史的事件にたいして、黒田が共産主義者としての生死をかけて対決したのだ。」――黒田がハンガリー事件を画歴史的事件としてうけとめた、ということをぬきにして、あったままのハンガリー事件をそれ自体として「画歴史的事件」としている。これは客観主義である。

「共産主義者としての生死をかけて対決した」――結果的。黒田が共産主義者としての主体性を貫徹した、ということがない。ハンガリー事件に黒田が共産主義者としての主体性を貫徹して対決したがゆえに、この対決は彼の生死をかけたものとなったのである。

そのつぎ。「労働者階級の自己解放のために、スターリン主義を超克する真実の革命的労働者党を創造し根づかせていく、これが黒田の革命家としての出発点であると同時に、反スターリン主義運動の〈原始創造〉をなす。」

「スターリン主義を超克する」というように、修飾語として、さらっと通り過ぎている。スターリン主義をその根底からのりこえていくのだ、という筆者自身の、決意とパトスと情熱が何ら感じられない。

「革命的労働者党」という言葉を使ってはならない、ということはないけれども、ここではそぐわない。変質し腐敗したスターリン主義党を革命的に解体し真実の革命的前衛党を創造するのだ、という筆者の内からわきあがるものがない。このようなパトスのない文章を書くのは、現在の革マル派組織そのものが、スターリン主義党以下的な、官僚主義的組織に変質しているからであり、筆者がそのなかにどっぷりとつかっているからではないだろうか。

〈原始創造〉のあたり。現在から過去を〈原始創造〉と解釈しているだけである。場所的現在の〈このおのれ〉がない。

総じて、これだけ長い文章を書いていながら、筆者自身はどこにも出てこない。いや、この文章を書いている筆者自身はどこにもいない。この文章は、客観主義的解釈以外のものは何もない。一字一句がおかしい。

この文章は、この文体とこの言葉遣いからするならば、古参の党員が書いたものではない。これは、何も知らない、これまでの内部論議をふりかえったことのない、若いメンバーが書いたものと見うけられる。いや、もしも古参の党員が書いたのだとするならば、彼は、過去をきれいさっぱりと忘れ去り、「革マル派」を名のってはいるけれども革マル派とはまったく別の組織になってしまった・その組織の一員になりきっていることになる。

このような組織を革命的に解体し、真実の反スターリン主義革命的前衛党を創造しよう。

二〇二〇年九月一〇日

〔36〕 黒田教集団

いまや、革マル派組織は、黒田教という新興宗教の集団となってしまった。

かの『黒田寛一著作集』宣伝文は、すべての一文一文が、自分たちがいま・かくあるのはこの人のおかげだ、と説くものとなっている。

キリスト教の聖書とか、古事記とか、日本書紀とかの展開――それ自体を読んだことはないが、知っている断片からするかぎり、その展開――と同じような説きおこし方に、それはなっている。

革マル派現指導部が精を出しているのは、黒田寛一の神格化作業である。

これは、私よりは少しばかり若い或るメンバーが主導しているのであろう。

こんなのはおかしい、と言う下部組織成員はいないのであろうか。それとも、自分はもう先は短いのだから、ここに居る以外にない、となっているのであろうか。

二〇二〇年九月一一日

〔37〕　宗教集団と化した革マル派組織を「革マル派」と表記する

黒田寛一著作集の発刊を基礎づける言辞をもって、現存の革マル派組織は、黒田寛一を神として崇め奉る宗教集団、すなわち、黒田教という新興宗教を信奉する集団と化した。このゆえに、この残骸組織を、われわれは、――「　」を付して、――「革マル派」と表記する。

「革マル派」指導部を打倒し、反スターリン主義運動を再創造しよう！
すべての革命的共産主義者・反スターリン主義者は、わが革共同革マル派（探究派）に結集せよ！

二〇二〇年九月一三日

〔38〕「革マル派」の下部組織成員諸君、目を覚ませ！

『黒田寛一著作集　第一巻』の刊行宣言文には次のように書かれている。

「黒田寛一は」「反スターリン主義の革命的共産主義運動を興す歩みを開始した。」（五〇六頁）と。

これは、自分たちが属している反スターリン主義の革命的共産主義運動が現にいま・かくあるのは、このひとがこの運動を興してくれたおかげである、というように、自分たちの宗祖として黒田寛一を崇め奉るものである。黒田寛一の神格化にほかならない。

「……を興す」という表現がミソである。「興す」という表現は、国を興す、とか、或る宗教を興す、とかと言うときに使う。

考えてみよう。

はたして、「マルクスはマルクス主義運動を興す歩みを開始した」、とわれわれは言うだろうか。

こんなことを言えば、こんなのは結果解釈主義だ、外面的な解釈だ、マルクスの主体的苦闘を何らつかみとっていない、と気づくだろう。

「マルクスは、プロレタリアの労働を疎外された労働してあばきだし、その根底に労働の本質形態をつかみとったのであり、この労働の本質形態の実現をおのれのイデーとしたのであった」、というように論じなければならない、ということは、すぐにわかるであろう。

「マルクスはマルクス主義運動を興す歩みを開始した」、などと言えば、マルクスをマルクス教の創始者に仕立てあげている、ということはすぐにわかるのである。

これと同じことである。

黒田寛一を黒田教の創始者に仕立てあげる作業は、「革マル派」の或る最高指導者のやっていることなのである。彼は、「革マル派」の全組織成員を宗教的疎外にみちびいているのである。

「革マル派」の下部組織成員諸君！

このことに気づけ！　そしてそこから脱却せよ！

わが黒田寛一は、田辺元の解説において次のように書いている。

「歴史的現実における「生成即行為／行為即生成」としての種族的個人の当為にもとづいて創出される「国家」（ネイション・ステイト）は、人類的普遍と種族的特殊との統合を体現した「現人神（あらひとがみ）」天皇を崇め奉るところの「すめらみくに日本」なのであって、「八紘為宇」の大事業のために、種的個々人はもし召されなば生命を賭して君に奉仕しなければならないとされる。こうした死を賭した戦いこそが、種建設の尖端にたとうとする者の世界史的使命にほかならないとされる。これこそは、軍国主義と超国家主義の基礎づけでなくして何であろうか。」（田辺元『歴史的現実』こぶし書房、二三七頁。「解説」）

この展開における・時の権力者およびそのイデオロギー的体現者たる田辺元の位置に「革マル派」の或る指導者が位置し、この「「現人神（あらひとがみ）」天皇」の位置に黒田寛一が位置するとともに、この「国家」の位置に「革マル派」組織が位置し、この「「八紘為宇」の大事業」の位置に反スターリン主義運動が位置する、というように考えるならば、イメージがわくのではないだろうか。

或る指導者は、「革マル派」組織に君臨し、黒田寛一を「現人神（あらひとがみ）」として崇め奉るイデオロギーを全組織成員に注入しているのである。

下部組織成員諸君！

このことを自覚し、目覚めよ！

二〇二〇年九月一六日

〔39〕「革マル派」組織成員は自己の精神構造をみつめよ！

同志から、私の先の文章にかんして、「黒田寛一はすでに死んでいるのだから、黒田寛一を「現人神（あらひとがみ）」天皇とアナロジーするのは適切ではないのではないか」、という意見をもらった。

たしかに、黒田寛一はすでに死んでいるのだから、「革マル派」の或る指導者は黒田寛一を現人神（あらひとがみ）とするイデオロギーを下部に貫徹している、とか、「革マル派」の組織成員は黒田寛一を現人神（あらひとがみ）とする精神構造におちいっている、とかというようには言えない。

私もこのことを気にして、生きている黒田寛一ではなく、死んだ黒田寛一なので、「「現人神（あらひとがみ）」として」という表現をとるのではなく、「……位置に……位置する」というようにくどく表現して、あくまでも「位置に」と読み取ってくれませんか、という意味をこめたのである。

こんな無理をしてでも田辺元をもちだしたのは、「革マル派」の或る指導者は田辺元的なものを流布し下部に貫徹しており、組織成員たちは田辺元的なものを受容する精神構造になっている、とおもわれるからである。

或る指導者は、組織成員たちに、「革マル派」組織に居るならば、次のような精神になることができるのだ、と説き、組織成員たちは、自分が「革マル派」組織に居るというだけで、自分はそのように内面ゆたかな存在でありえるのだ、と信じるようになってきているのである。

自分は、黒田寛一が興した反スターリン主義運動、その組織のなかに居るのだから、自分の内に黒田寛一が生きており、自分の内で・黒田寛一が反スターリン主義運動を興す歩みを開始したこの〈原始創造〉がくりかえされているのだ、と。

「革マル派」の組織に居るかぎり、このように体感することができる、このようなかたちで一生涯、心安らかになれる、と。

この精神の営みに欠如しているのは、一九五六年に黒田寛一がおこなった・自己の思想を変革するための主体的格闘そのものをつかみとりわがものとする努力であり、まさに〈いま・ここ〉で現実に対決し・現実を直視し・この現実を自分の頭で分析する頭脳活動である。

このような努力と頭脳活動をぬきにしたところの、自己の内なる黒田寛一の体感は、黒田寛一への帰依にしかならないのであり、信じるものは救われる、という精神でしかないのである。「黒田寛一の教えに従い、彼にみちびかれて私は生きる」というかぎりでは、組織成員にとって黒田寛一はまだ外的であり、キリスト教的である。これに反して、「私は、私の内なる・反スターリン主義運動を興した黒田寛一につきうごかされて生きる、私の内では〈原始創造〉がくりかえされている」と体感するならば、これは、西田・田辺哲学的であり、日本人的なのである。

この体感が黒田寛一その人の主体そのものと異なるのは、だから彼の主体性論と異なるのは、この体感には、物質的現実の対象的認識とプロレタリア的価値意識が欠如していることにある。右のものを欠いた精神は、もぬけの殻の自己鼓舞であり、組織の指導者への盲従となるのである。この意味において、このような精神は、西田・田辺哲学的であったうえで、西田幾多郎的というよりも、田辺元的なのである。

つい最近のことがらを思い起こそう。

「わが同盟を中核とする革命的左翼は、極反動攻撃をふりおろす安倍ネオ・ファシズム政権をついに打倒した」という言辞は、まったく現実からかけ離れたものなのであるが、これは、かつてのブクロ＝中核派のような大衆運動主義にもとづくのではなく、わが革命的左翼は黒田寛一が興したものなのであり、歴史を創造する力をもっているのだ、という「信じる心」にもとづくのである。

この「信じる心」は、物質的現実を直視することとも、自分たちの実践と理論を反省することとも無縁なのである。

或る組織指導者と彼におかされた者の内面は、物質的現実を変革する、という実践的立場ともプロレタリア的価値意識とも無縁な、たんなる「空虚な形而上学的空間」となっているのである。

「革マル派」の下部組織成員諸君！

おのれがこのようなものとなっていることを自覚し、このようなおのれから脱却しよう！

二〇二〇年九月一八日

〔40〕プロレタリア階級闘争の壊滅の現実をうち破ろう！

＜欧州 反コロナ対策運動 エリートへの不満 背景＞と題して、「読売新聞」の編集委員・三好範英は次のように報じた（九月二三日朝刊）。

＜欧州でマスクの着用義務化などの新型コロナウイルス対策に反対する運動が広がっている。左右の政治勢力が同じデモに加わるなど、これまでにない動きが見られる。

八月二九日、ベルリン中心部で政府のコロナ対策に反対する大規模なデモが行われた。三万八〇〇〇人の参加者のほぼ全員が、「マスク着用」「社会的距離」を守らない。当局が事前に示したこれらの開催条件は、管理の象徴として完全に無視された。

「コロナの嘘をやめろ」「ワクチンの強制はファシズム」といったスローガンや、囚人服を着たメルケル首相らを描いたプラカードが掲げられ、参加者は「フライハイト（自由）」と叫びながら練り歩いた。

これらの参加者は、ポピュリズム政党「ドイツのための選択肢（ＡｆＤ）」や、ネオナチなど極右団体、米国発の極右陰謀論グループ「Ｑアノン」の支持者など、「右」の支持勢力が大勢を占める。

ただ、太鼓に合わせて踊るヒッピー風の人々、虹色の旗を掲げる平和運動家など、「左」と目される人々や、必ずしも左右に色分けできない反ワクチン主義者も加わっている。特定の団体に属さない「普通の市民」も多く参加しているようだ。

同種のデモはロンドン、パリ、マドリードなど欧州各国で起きているがドイツのものが最も規模が大きい。五月頃からドイツの多くの都市で起き、ベルリンでは八月一日にも二万人が集まった。

ドイツを代表する社会学者の一人アルミン・ナセヒ氏は独週刊誌シュピーゲルのインタビューで、「政治、文化、メディア、学術のエリートに反対する人々がデモに参加している。デモは現体制に対する拒否のはけ口」と分析している。

近年の欧州政治は、所得の分配をめぐる公平か競争かの「左右」ではなく、既得権益層である「エリート」対「反エリート」の「上下」が、主な対立軸となったと言われる。〉

西ヨーロッパ諸国で生起しているこの事態は、社会学者たちによって分析されるようなものではない。

コロナウイルス危機をのりきるための政府および独占資本家どもの諸措置・諸行動によって、多くの労働者たちが首を切られ、自営業の勤労者たちが仕事を失っている、というこの事態にたいして、労働者階級・勤労民衆が階級的な反撃の闘いを展開しえていない、ということが問題なのである。

そのような闘いを組織しえないほどまでに、いや、労働者・勤労者たちがそのような闘いに決起しえないほどまでに、プロレタリア階級闘争が壊滅している、ということが問題なのである。

スターリン主義の数々の歴史的裏切りと破産のゆえにプロレタリア階級闘争は壊滅してしまった。

破産したスターリン主義をその根底からのりこえ、この現実を切り拓くためのわれわれのイデオロギー的＝組織的闘いはなお非貫徹なのである。

日本において、反スターリン主義運動を推進してきた組織は、黒田寛一をただただ拝跪するにすぎない宗教集団「革マル派」に変質し、プロレタリア階級闘争とは無縁な存在になり果ててしまった。

スターリン主義をのりこえ労働者階級の解放をめざすことを意志するすべての皆さん、わが探究派とともにたたかいぬこう！

二〇二〇年九月二三日

〔41〕　戦線逃亡した自己の正当化の弁をやめよ！

私のところに「白山冬樹」という匿名の人物から手紙が来た。これは、私と探究派を批判しケチつけしているものである。

この人物は、私にたいして「没主体性」「認識論の欠如」などと批判している。

だが、この人物は、「一切の政治的・実践的闘いから撤退」したことを自称しているのである。この言葉を信じるかぎり、この人物は、戦線逃亡したのである。

この人物は、私の一九八〇年代の党名を挙げている。ここからして、彼は、当時ないしそれより後に、一定の指導部であったメンバーだ、ということになる。

今日において何らかの発言をするのであるならば、この人物は、自分が何ゆえに戦線逃亡したのかをふりかえり、自己を凝視し反省することを基礎にして、自己の見解を述べるのでなければならない。だが、彼が自己省察し思索した形跡はどこにもない。

一九九〇年前後の指導部内での思想闘争を考えるかぎり、彼は、自分の組織指導にかんして同志たちから批判をうけたことにたいして、この批判を鏡としておのれをふりかえるのではなく、逆に同志たちへの反発をつのらせたのだ、とおもわれる。

自分がおこなった組織指導とこの指導のもとに労働者同志たちがくりひろげた組織建設および運動づくりのための諸活動、この現実について同志たちが点検し集約し再生産したところのもの、これと自分自身の現実認識とをつきあわせ、現にうみだされているものを直視することを基礎にして、これまでは自分では自覚しえていなかったものをも自覚し自己を省みる、というのではなく、自分はそんなに悪くはない、自分は誰それが言うのに従っただけだ、とかというように、自分を救うような自己の像をつくりあげ自己正当化し、被害者意識と反発心をつのらせて、彼は、組織内思想闘争から・組織そのものから・プロレタリア階級闘争から逃げたのではないだろうか。

私が、「Ⓑ〔シカクノビーと読む。物質的現実をさす。総括のための組織論議でわれわれがこのように言うときには、総括すべき対象をなす組織活動の現実をさす〕の確定」とか「Ⓑをめぐる思想闘争」とかと書いたことを、彼が「認識論の欠如」として非難するのは、右のようなおのれをおおい隠すためなのである。

逃亡したうえでの生活に安住しながら、このような非難をするのは、そうする者が何の主体性をももっていないことを自己暴露するものである。

この人物は、成仏することができずに、現世をさまよっているものとみえる。

もしも現世に執着するのであるならば、現在のおのれを否定せよ！

二〇二〇年九月二四日

「白山冬樹」を名のる者からの手紙

七月二九日水曜、書泉で『コロナ危機との闘い』を購入。二か月間かけ読み検討。そして、心底がっかりした。私の想像とちがった昨年からの分派闘争の追求にではない。松代(××・北井)の主張のおかしさ・狂い、その根っこを自覚させられたからです。根本がダメだから、すべておかしい。B5、二〇枚ほどこの本の欠陥などを書いたが、送るのをやめます。意味がなく無駄だと思いました。

問題は、前の手紙(最近、北井ブログを見始めたが、無視されている)での主張とつながる。コロナ危機を論じる出発点でヘーゲルの死を持ちだすおかしな感性や現代中国の分析の狂い、「私を組織成員として扱わない」「切って捨てる」と(それが許されるのはなぜ?)と平然と描くほど没主体性など(内容省略)の根本は、松代には俗にいう「哲学がない」こと、とりわけ認識論の欠如(歪みではない)からきている、それが核心。既に、『現代の超克』において「Ⓑの確定」がいわれ、「決定的に重要」だ、など言われていた(一四二頁など)。不安になったのか、「考古学者ではない」などとわざわざ断りながら。変なことをいうタダモノ主義では、と思っていたが、そこにこそ、彼松代・北井の狂いの「源」があることを今回自覚した。以下、結果的に書く。

「私自身、Ⓑの確定をめぐって苦しんだ」などと「認識」ということを考え始めた人間の初歩的誤りのようなことを恥ずかしげもなく書く(これでは加治川など変革しえないのもあたりまえ)。しかも、「過去のⒷ」(物質的現実)とか「Ⓑをめぐる思想闘争」などと。

Ⓑは「限界概念」ということは知ってはいても、その意味を考えることもない。「場所」ということが解っていない。単なる「知識」でしかないことを証明。時間や空間、ましてや「実践的立場」の考察、その哲学もない。同じ時間、空間で、「特定の現実」を「認識」した松代と同席した他者の「認識」が「違う」のは当たり前のこと。同席した他者が「政治主義者」であればそのようなもの、そして、松代のような「血も涙も…」であればそのようなものとして、である。ちょっと考えれば、「確定をめぐって苦しんだ」などということが、成立しない「自己正当化の弁」でしかないことを自覚し得るはず（これは、ないものねだりか。三月に出した手紙で「全盲者のイメージ」について質問したが、それを考えたほうがいいのかも）。松代の「論理」とは、これで獲得してきた知識と経験であらゆる「対象」（人物であったり実践であったり）をきりもりするもので、そこには創造的な思考がまったくない。論理学一般は成立しないというのも無理からぬこと。こう私は断定せざるをえない。

〈結論〉

残念なことであり、痛苦なことでしょうが、私と同様に、松代・北井は一切の政治的・実践的闘いから撤退（相対的に松代よりは若いであろう他者にまかせ）し、「残された時間」をＫＫがいってたように「哲学からのやりなおし」にあてることを私は望みます。それが、

「現代の超克」の出発点であり、日本の、世界のプロレタリアの闘いの前進にとってのささやかであるが、最良の貢献であると私には思えます。「探求派」でのご検討、よろしくお願いいたします。

九月一九日　　白山冬樹

〔42〕私への批判者の自己慰撫

私への批判者・白山冬樹は、労働者組織にうみだされた悲惨な事態を自己の他在としてうけとめる、ということについて、感性をわきたたせ熟考したことがあるのだろうか。組織的に集約し報告されたところの、労働者組織の無残な現実とこれをもたらした革命的フラクションの労働者同志たちの諸活動を、わが党組織そのものの他在として、したがって党常任メンバーとして組織の指導者であったおのれ自身の他在として、うけとめる、ということについて、戦線逃亡したこのおのれが、わが身を切られるような痛みをもって自己省察したことがあるのだろうか。

「そんなことを言われても自分は誰それに従って指導しただけだ」というような自己保身と被害者意識と反発心を自己の心のうちに温存しているかぎり、このような主体的格闘をおこなうことは決してできないのである。

「認識論」と称して、自己と自己が見ている何らかのものを想定して考えるのは、したがってまた「場所」と称して、いま自分に見えているかぎりでの場面を想定するのは、組織を破壊し破産したこのおのれをみないようにするための、自己の意識の自己コントロールなのであり、理論的には認識論の知覚論への歪曲なのである。先天的な全盲者が色をどのようにイメージするのか、というようなことを考えているかぎり、党常任メンバーであるおのれが指導することによってもたらされた労働者同志たちの苦しみを想い起し、苦悶する彼らの顔と姿を自己の意識に現前化させる、ということをしなくて済むからである。それが楽だからである。

常任メンバーであるおのれが他の常任メンバーとともにおこなった組織指導と、この指導にもとづいて労働者同志たちが遂行した諸活動と、そしてその諸結果、というこの全体像を明らかにすることは、自分に見えていた場面だけを想起することによってはなしえないのである。自分に見えていた場面に固執するのでは、「自分はそんなことまでやれとは言ってない」ということになってしまうのである。あるいは、自分は言われたことをオウム返しにしただけであってあとは知らん、という態度をとってしまうことになってしまうのである。これでは、わが組織とプロレタリア階級闘争そのものから逃げてしまうのは当然のこととなるのである。

右にのべた全体像を明らかにするためには、自分自身が労働者同志たちと話しし、自分が何と言ったことを彼らがどのようにうけとめ・どのように組織的に論議して・どのように実践し・どのようなことがうみだされたのか、ということを聞くと同時に、他の常任メンバーたちが点検し集約してきたことがらとつきあわせなければならない。このようにしてこの全体像を組織的に明らかにすることを、われわれは「Ⓑを確定する」と呼んできたのである。

このことを、「場所」として・自分が見えているかぎりでの場面を想定する、という頭でもって読むならば、これはおかしい、ここで問題にしているのは現実と言ってもすでに過去となった現実ではないか、これをⒷと呼ぶのはタダモノ主義だ、ということになってしまうのである。こういう非難をするのでは、非難する者が、唯物論をよそおった主観主義的現象学に、あるいは人間の知覚の存在論に、転落してしまうことになるのである。

われわれは、同志黒田寛一が明らかにした人間認識の主体的解明を適用して組織総括をつくりあげるのだ、という強い意志をこめて、Ⓑという表現をあえて使ってきたのである。

われわれが問題にしていることがらを、そして白山がまだいたころにも当然にも問題にしていたことがらを、別のものにすりかえて非難するのはやめた方がいい。昔から、重箱の隅を突っつくようなことが好きだったが、いま、そのような本性を発揮することはない。

白山は三月の手紙で、私が「理論的＝論理的イメージ」と書いているのを読んで「頭がくらくらした」と書いていた。「全盲の人の色のイメージ」というようなものをふりまわす、というように、あらゆることがらを人間の知覚の問題に還元して考えるのであるかぎり、頭がくらくらするのも当然であろう。

だが、「存在論主義的イメージ主義」というように呼称して問題にした傾向をみよ。ここに言うイメージとは、目で見たり耳で聞いたりすることを表象する、という意味でのイメージではない。それは、或る一定の原理を設定し・この原理の自己展開を理論的＝論理的に想定する、という意味でのイメージなのである。

古モンゴロイドなるものを設定し・この人類種から日本人への進化を想定する、というこのイメージも、古モンゴロイドに属する人間の顔や体つきをイメージする、ということとは異なるのである。

私がこのようなことがらを問題にしているということに自分の目をふさぎ、あらゆることがらを知覚世界の問題に還元するかぎり、白山冬樹を名のる人物は、自分の指導をうけとめて組織活動を展開し苦悶する労働者同志たちの顔を想いうかべなくて済むのである。このような意識操作は自己慰撫でなくして何であろうか。

このような精神構造は、組織を破産にみちびいたおのれ自身に目をふさぎ、現にいま在る運動を興した「創始者」というかぎりでの神たる黒田寛一のイメージを組織成員たちにうえつけることに狂奔している「革マル派」の或る指導者の精神構造と同じなのである。

白山冬樹を名のる人物は、この指導者と手をたずさえて成仏せよ。

二〇二〇年九月二五日

〔43〕 〃おなかのなかの天皇〃ならぬ〃おなかのなかの黒田寛一〃

〃おなかのなかの天皇〃というべき自分たちの精神構造、日本軍国主義の侵略戦争にのみこまれた自分たちのこの精神構造をうちやぶるために戦後主体性論争は開始された。これをうけついだ唯物論者たちの試みを批判的に摂取して、黒田寛一は唯物論的主体性論を明らかにした。彼が一九五六年のハンガリー事件を主体的にうけとめスターリン主義からの根底的な脱皮を実現しえたのは、このようにして確立したおのれの共産主義者としての主体性をこの現実に貫徹したからであった。

われわれは、スターリン主義をその根底からのりこえていくために、このイデオロギー的＝

組織的闘いを遂行しうるものへとおのれを変革するために、黒田のこの主体的格闘を追体験的にわがものとする努力をつみかさねてきた。

だが、「革マル派」の指導者たちは、このような主体的＝組織的努力を投げ捨て、いまは亡き黒田寛一を、自分たちの運動を興してくれた「創始者」として崇め奉る対象に堕としこめてしまった。

ここに欠如しているのは、自分たちが面々相対している物質的現実の唯物論的分析と、この現実を実践的に変革する主体への自己の変革である。

きびしく冷たい現実には目をつむり、「どん底の底が破れるとき、光まばゆい世界が開ける」のだと信じ、「革マル派」組織を、そこで生きかつ死ぬる場所＝「老人ホーム」として・残り少ない人生を安らかに暮らすために、自分たちの人生行路を開いてくれた神として、黒田寛一をおのれの心に棲まわせる、というのが、「革マル派」の或る指導者の精神構造なのであり、「革マル派」の組織成員の全員をこのような精神構造にみちびく、ということが、彼の意図している組織操作術なのである。

これは、戦前の日本人の精神構造を、〃おなかのなかの天皇〃ならぬ〃おなかのなかの黒田寛一〃として再生産するものにほかならない。

「革マル派」の下部組織成員諸君！　こんなことでいいのか！

目を醒ませ！　宗教的自己疎外から脱却せよ！

二〇二〇年九月三〇日

〔44〕トランプもバイデンも無能

トランプもバイデンも無能だ。

アメリカ資本主義の末期の末期には、資本の人格化たる資本家、この独占資本家どもの政治的代弁者としても無能な人物しか現れないのであろう。

だが、資本主義は自動的に崩壊することはない。

全世界のプロレタリアは、資本主義をその根底から転覆するために、みずからを階級として組織しよう！

二〇二〇年一〇月一日

〔45〕「革マル派」指導者もまた無残！

「解放」最新号（第二六三九号二〇二〇年一〇月五日付）は、闘争報告しかない。神主と化した「革マル派」指導者もまた無残だ。

このような指導部を打ち倒し、反スターリン主義運動を再創造しよう！

すべての反スターリン主義者・革命的共産主義者は、自己変革の熱情と意志をもえたぎらせ・勇気をふるいおこし、わが探究派に結集せよ！

二〇二〇年一〇月一日

〔46〕 神主さん（「革マル派」指導者）はどうするのだろう？

かつての革マル派内で取りざたされていた問題に〈「る」と「た」の問題〉というのがある。「労働過程」の「労働対象」にかんする論述における、『資本論』でのマルクスの表現と『社会の弁証法』（旧題は『社会観の探求』）での黒田寛一の表現との違いである。

長谷部文雄訳によれば、マルクスは、「労働によって大地との直接的関連からひき離される、にすぎぬ一切のものは、天然に存在する労働対象である。」と書いている。

黒田寛一は、「労働によって土地との直接のつながりからきりはなされたにすぎないような一切のものは、天然資源とよばれ、」と書いている。

いま私が傍点をうった「る」と「た」の違いが、一部の人たちによって取りざたされていたのである。

私は、両者の文脈が違うのだから、とあまり頓着していなかったのであったが、いまでは当人の主体性の確立が定かではないということが判明した・黒田寛一信奉者たちは、「マルクスはおかしい。黒田寛一が「た」としたことの革命的な認識論的意義をおさえなければならない」というようなことを騒ぎたてていた。

ところが、である。

いまは亡き同志黒田寛一は、生前に、英語版『社会の弁証法』において、当該の表現を、日本語に訳せば、「る」となるものに変えていたのである。

最近、私のブログの心ある読者からの手紙によって、このことを、私ははじめて知った。黒田は、「る」と「た」にはこだわってはいなかったのだ、といわなければならない。生前にも、黒田は、「自分が書いたのを見ると、「た」になっていたんだ。」と言っていた。

騒ぎたてていた信奉者たちはどうするのだろう?

当該の部分は、英語版では次のようになっている。

All those that labor merely separates from immediate connection with the land are called natural resources.

これを和訳すると、「労働が大地との直接の関連から、たんにきりはなすにすぎないすべてのものは、天然資源とよばれる」、となるのだそうである。（下線と傍点はともに私）

この **separates** が現在形であることは、私でもわかる。

かつて或る『資本論』の学習講演会において、私は、この部分を、長谷部訳に沿うかたちで説明した。印刷物となったこの講演録のこの部分に、いまでは神主となっているファナティックなメンバーがかみついた。「黒田寛一がマルクスの限界をのりこえて展開しているのに、おまえは、マルクスに引きもどす説明をやって、なんだ！」というわけである。

このような論文が『共産主義者』（『新世紀』に改題される前の機関誌名）に載っているということを、ずっと後になって私は知った。というのは、この論文がでた当時には、私は、「解放」や『共産主義者』を読むことの禁止という教育的措置をうけており、音楽とラジオを聞くという生活をやっていたからである。

さいわい、このような生活をやっていてよかった。もしも、ファナティックで没主体的な黒田寛一信奉者たち――当時にもすでにこのような人たちが多数いた――から、よってたかって、「おまえは黒田寛一に背き、マルクスに従って何だ」と攻撃されつづけていたら、私は私の組織的主体性を破壊されてしまっていたかもしれないからである。

その論文を書いた・ファナティックで没主体的なメンバーは、自分の論文が『共産主義者』に載ったのを見て、自分は同志黒田に認められた、と小躍りして喜んだことであろう。しかし、同志黒田は、あまり論文が書けないメンバーが理論的なものを書いたときには、そのメンバーの成長を喜んで「よく頑張った」とほめるのである。ほめられたからと言って、その論文の内容が、革命的マルクス主義の立場にたって正しい、ということを何ら意味しないのである。

その論文を読んだとき、私は、「これは、宇野弘蔵の弟子たちのマルクス批判と同じだなあ」と感じた。宇野派の学者たちは、マルクスを、宇野先生のように展開していない、と言って批判したからである。

だが、いまや、いまは亡き黒田寛一その人が、生前に、日本語版の「た」を、英語版では「る」を意味する英語に変えていたのである。

いまでは神主のひとりとなっている・ファナティックな黒田寛一信奉者や「黒田寛一著作集」の編集委員たちはいったいどうするのだろうか。

ふつう亡くなった人の著作集を編集したり「マルクス＝エンゲルス全集」といったものを編集したりするときには、著者の文章を勝手に変えることはできないので、そこに編集者註を付けて、著者が監修した英語版ではこういう表現になっている、というようなことを書くわけである。まったく同じ部分にかんしての著者自身の手による別の表現があるのであるからして、後世に残すことを責務とする編集者としては、このような註を付けなければならないのである。

神主たちは、このように誠実にやるのだろうか。それとも、一方は日本語であり、他方は英語なのだから、組織成員たちも読者たちもわかりゃしないと、そおっとそのままにしておくのだろうか。

編集者は、第一巻の五〇九頁で次のように書いている。

「この著作集では既刊本および著者自身が推敲を終えている論文を中心に編んだ。」と。

これは意味深である。これは、著者自身が別のところで変更を加えていても、既刊本だからということをもって、都合の悪いところには註も付けずそのままにしておくことの布石かもしれない。

神主たちは、黒田寛一を神棚に祭りあげるのに、どうするのが一番いい手なのか、というように額を寄せ合っているのであろう。

下部組織成員諸君！

だまされてはならない！

二〇二〇年一〇月二日

〔47〕　これはどうするのだろう？　神主たちは

同志黒田寛一は『現代における平和と革命』「改版　あとがき」において次のように書いている。

「ソ連型社会主義を超克するための基本的骨組みは、おおよそ右のようなものであるとしても、さらに次のような理論的諸問題が考察されなければならない。――一九三〇年代に提起されたプレオブラジェンスキーの過渡期経済論、……」（二八九～二九〇頁）、と。

ここに言う「一九三〇年代」は間違いであり、「一九二〇年代」でなければならない。プレオブラジェンスキーが過渡期経済論を明らかにした著書『新しい経済』は一九二六年に発刊されたのだからである。黒田は勘違いしたのであろう。

黒田のこの著書『平和と革命』を黒田寛一著作集に収めるときに、「革マル派」の神主たちは、この誤りをどうするのであろうか。誠実に編集者註を付して訂正するのか。何も言わずにこっそりと訂正するのか。それとも、そおっとそのままにしておくのか。

この間違いは重要なものなのである。或る一定の理論は、それが明らかにされたその物質的基礎との関係において考察されなければならないからである。

一九三〇年代であるならば、スターリンが農業の強制的集団化と重工業化政策を実施したということに規定されたロシアの経済的現実がその物質的基礎をなす。これにたいして、一九二〇年代であるならば、ＮＥＰ（新経済政策）が実施されているというもとでのロシアの経済的現実がその物質的基礎をなす。これは決定的な違いである。

このことをはっきりさせなければ、プレオブラジェンスキーがどのような経済的現実に対決したのかということについてのわれわれの把握がくるってしまうことになるのである。同志黒田寛一自身が、『平和と革命』で展開されているソ連論を次のように反省しているのである。

「「戦時共産主義」政策にかわってレーニンが採用したＮＥＰ（新経済政策）のもとに残存していた旧時代のもろもろの経済制度ならびにＮＥＰ期の価格制度と、生産諸手段の国家的および集団的の所有形態が形式上確立された時代の経済的構造ならびに「価格」制度——この両者は明白に区別されなければならない。」（二八七頁）

「このようなソ連式「価格」表示のまやかしについて考察しないままに、ＮＥＰ期の資本主義化政策と、スターリン時代の重工業化政策の手段として用いられてきた「価格」およびこれにもとづく国家計画経済政策とを、素朴に二重うつしにし、そうすることにより「国家による資本主義化」などという規定ならぬ規定がなされたのであった。簡単にいえば、ソ連式「価格」を根幹にした官僚主義的国家計画経済をば、スターリン主義的「資本主義化」政策というように没理論的かつ政治的にラベリングしたにすぎないということである。」（二八八頁）

ここで言われているように、一九二〇年代のＮＥＰ期における追求と一九三〇年代のスターリン時代における追求とは明白に区別して考察されなければならない。

プレオブラジェンスキーは、一九二〇年代のロシアの経済的現実に対決し、NEPの実施によって生みだされた諸矛盾をどのように打開すべきなのか、ということを明らかにするために理論的に苦闘したのである。このようなものとして彼の『新しい経済』を検討することが肝要なのである。

このような意味をもつがゆえに、現行本の「一九三〇年代」という記載は編集者註を付して「一九二〇年代」と改められなければならない。

「革マル派」の神主たちは、黒田寛一の著書を後世に残すために・著作集を誠実に編集するのか。

それとも、黒田寛一を神に祭りあげるために、ごまかしと術策を凝らすのか。

これが問われているのである。

「革マル派」の下部組織成員諸君！

神主たちの黒田神格化の策動を見破り、彼らから決別しよう！

二〇二〇年一〇月二日

〔48〕 トランプ感染――コロナウイルスを蔓延させた報いだ！

アメリカに、そして世界に、膨大な感染者を生みだし、膨大な民衆を死に至らしめた責任は、あげて、この権力者トランプと、世界各国の支配者どもにある。

トランプのコロナウイルス感染は、この報いである。

全世界の労働者・勤労民衆は、自分たちをウイルス感染と生活苦につき落としているこれらの権力者どもをうち倒すために、階級的に団結してたたかおう！

二〇二〇年一〇月二日

〔49〕　学術会議会員候補六人の任命拒否弾劾！

菅政府による学術会議会員候補六人の任命拒否弾劾！
日本型ネオ・ファシズム支配体制のよりいっそうの強化をうち砕こう！
既成指導部による「学問の自由」を対置した運動をのりこえてたたかおう！

菅政府は、日本学術会議が推薦した新会員候補六人の任命を拒絶し、彼らを任命しなかった。この六人は、日米安保同盟の強化と日本の軍事力強化をはかる政府の政策に反対する態度をとってきたメンバーたちなのである。新たに国家権力者の座についた菅は、日本学術会議から、したがって同時に日本の学界そのものから、政府の防衛＝軍事政策に反対する学者を根絶する、という攻撃にうってでたのである。

これは、日本型ネオ・ファシズム支配体制をよりいっそう強化することを狙うものにほかならない。

菅は、「学術会議は年間一〇億円の国の予算を使って活動しているのだから、任命権の行使は当然だ。」「学問の自由の問題はまったく関係ない。どう考えてもそうではないでしょうか」、と傲然とひらきなおった。ここに、政府に従わない一切の言動とそうする者を根絶する、という菅のなみなみならぬ意志が見てとれる。

これにたいして、学術会議は「学問の自由」を侵すものだ、と抗議した。学者たちが、政府の直轄の機関たる学術会議として、声明を発するのであるかぎり、それは当然である。また、もろもろの分野の文化人・芸術家たちが、「言論の自由」「表現の自由」を侵害するものだ、と抗議するのも、それは当然のことである。彼らは、現存する支配秩序のもとで一定の社会的地位を得て活動しているのだからである。そういう彼らが、抗議の声を発するのは、勇気ある行動である。

だが、野党などの既成反対運動指導部が、「学問の自由」を叫ぶにすぎないのは、まったく無力であり、闘いを現存するブルジョア支配秩序のもとに封じこめるものである。

考えてもみよ。これまで「学問の自由」なるものが守られてきたのか。マルクス経済学を教える教授たちは、陰に陽に圧迫を受け、大学から徐々に追い出されてきたのである。大学や研究機関は、企業の金もうけのための研究の下請けを強制され、また防衛省の軍事力強化の研究に協力することを強いられてきたのである。そうしなければカネを出さない、というかたちで締めつけられてきたのである。

政府・支配階級は、「学問の自由」「言論の自由」「表現の自由」などという憲法の理念と規定はものともせず、日本の労働者・勤労民衆・すべての人びとを、日本の排外主義的ナショナリズムで染めあげ、一切の反抗を許さず、米中の覇権争いのもとでの世界に日本国家の利害をすなわち日本の支配階級の利害を貫徹することを画策しているのである。

政府に「学問の自由」を対置するのは、現在においても「学問の自由」が守られているかのような幻想をまきちらし、労働者・勤労民衆を武装解除するものにほかならない。

労働者たち・勤労者たちは、いまこそ、闘いのこのような歪曲をのりこえ、みずからを労働者階級として組織し、日本型ネオ・ファシズム支配体制のよりいっそうの強化をうち砕くためにたたかうのでなければならない。

団結してたたかおう！

二〇二〇年一〇月六日

〔50〕〈政府と自分たちとの対抗〉を妄想する神官たち

「解放」最新号（第二六四〇号二〇二〇年一〇月一二日付）に載っている「日本学術会議」の問題にかんする文章には、野党などの既成反対運動指導部の対応にかんする言及がまったくない。

彼らは、それに触れることを避けたのである。

彼らは、のりこえの立場＝闘争論的立場をあっけらかんと捨て去ったのである。既成反対運動指導部の「学問の自由」を対置した無力な運動をのりこえていく、という実践的立場＝のりこえの立場にたつことをかなぐり捨てたのである。

だがこれは、しかし、従来しばしば発生した、組織現実論にのっとることを意志したうえでの・のりこえの立場の喪失というような偏向なのでは決してない。

自分たちは、世界の唯一者たる黒田寛一が興した運動の体現者なのだから、歴史の最先端として菅政権と対抗しているのだ、という神がかりな意識に「革マル派」指導者たちがおちいっているることに、これはもとづくのである。彼らは、唯一者のしもべとして自分たちは唯一者である、という意識にひたっているのであり、腐敗した既成反対運動とその指導部は、いや、プロレタリア階級闘争が壊滅させられているというこの現実は、彼らの目に入らないのである。プロレタリア階級闘争の壊滅というこの現実をわが反スターリン主義革命的左翼はなお打開しえてはいない、というおのれへの痛みは、彼らにはまったくないのである。

「革マル派」の下部組織成員諸君！

目を醒ませ！

二〇二〇年一〇月八日

〔51〕　まじめな人たちだけで決めたからこんなことになったのだろうか

錬金術ということが騒がれている。ＧｏＴｏイートである。何か、予約サイトで予約して食べると昼食で五〇〇円、夕食で一〇〇〇円のポイントがつくのだそうである。だから、ほんのちょっとしたつまみのようなものを注文すると、その差額が得するのだという。手数料を取られるので、飲食店が困っている。

これについて、テレビで、元スポーツ選手だか芸能人だかの解説者が、「まじめな人たちだけで決めるからこんなことになるんですよね。小ズルイ人だったらこんなこと、すぐにわかるんですよ。いろんな人たちが集まって決めないと駄目なんですよ」、と言っていた。

うまいことを言う、と思ったのであるが、この意見には疑問がある。

どう考えても、決めた人たちがまじめな人たちとは、思えないのである。国会答弁をみても、この人たちは、すべて、小ズルイというか、大ズルイのである。

この人たちはまじめな人たちばかりだったから、というのではなく、いつも、何千円もする昼食や夕食を官庁に取り寄せて食べている人たちばかりだったから、ということではないだろうか。そういう生活をしているから、少額の品を注文する、ということなど思いも及ばなかったのではないだろうか。

私なんぞは、東京にたまに出ていったときには、昼飯は五〇〇円以内で、夕飯は八〇〇円前後で食べるために、安くて栄養があってうまい店を探して・街路を行ったり来たり・そうとう歩き回って決めているのである。アパートで自分でつくれば、平均一食一〇〇円ぐらいで食べられるからである。

もしも、こういう私がその会議に出ていれば、小ずるく頭をまわさなくとも、一瞬にして、これは得する、とわかるのである。

この解説者も、小ずるく頭をまわさなければ気がつかないような生活をしているのではないだろうか。

決めている人たちも、解説している人たちも、プロレタリアとは無縁なのではないだろうか。

苦しい生活を強いられているわれわれは、おのれをプロレタリアとして自覚し闘いに決起しよう！

二〇二〇年一〇月九日

〔52〕アメリカ財政赤字、過去最高の三兆ドル

アメリカ財務省は一〇月一六日、二〇二〇会計年度（一九年一〇月〜二〇年九月）の財政赤字が三兆一三九二億ドル（約三三〇兆円）となり、前年度（約九八〇〇億ドル）の三・二倍に急増すると発表した。これは、リーマンショック後の二〇〇九年度の約一兆四〇〇〇億ドルを大幅に上回る、過去最悪の赤字幅である。

この財政赤字がうみだされたのは、新型コロナウイルスの感染拡大とこれを阻止するための政府の措置の影響をうけて危機に瀕した諸企業、こうした資本家的諸企業を救済するために、トランプ政権が膨大な国家資金を投入したことにもとづく。

ＦＲＢ（アメリカ連邦準備制度理事会）は、政府のこの行動をささえるために市場から国債を無制限に買い入れる措置をとる、と同時に、社債やＣＰ（コマーシャルペーパー）を購入するというかたちで諸企業に国家資金を直接的に注入するという行動をとった。

資本家的諸企業の倒産と金融市場の崩壊という危機に直面したアメリカ資本主義は、政府およびＦＲＢによる諸企業と金融市場とへの国家資金の注入にささえられてのみその存立を維持しているのである。

このアメリカを支配する国家権力者と独占資本家どもは、八〇〇万人を超えるコロナウイルス感染者と二二万人に迫る死者を何ら省みることもなく、労働者たち・勤労者たちを感染の恐怖と生活苦につき落としたうえで、彼らをよりいっそう搾取し収奪することによって、アメリカ資本主義の危機をのりきるために狂奔しているのである。これは、トランプもバイデンも同じである。彼らはともに、労働者・勤労者の味方ではない。

強権的な支配のよりいっそうの強化を策す日本の菅義偉もまた、このようなアメリカの権力者と同じである。

各国の権力者どものこのような諸策動と支配をうち砕くために、全世界の労働者たち・勤労者たちは、国際的に階級的に団結してたたかおう！

二〇二〇年一〇月一八日

〔53〕「韓国は、ドジョウやフグになる戦略が必要だ」

韓国の米中関係専門家の話がおもしろい。もう何か月も前になるが、中央日報日本語版が報じていた。

そのさわり。

イ・ソンヒョン世宗（セジョン）研究所中国研究センター長「最上のシナリオはない。ロマンチックな考えは引っ込めなければならない。韓国は米中双方に浮気者のレッテルを貼られた。浮気をしたこともないのにだ。どちら側であれパンチを打たれるのは避けられず、その威力を減らすことに集中しなければならない。」

キム・フンギュ亜洲（アジュ）大学中国政策研究所長「新冷戦構図ではクジラに挟まれとばっ

ちりを受けるエビの境遇でいるよりは、生き延びる道を探して抜け出るドジョウや、時には毒を持つこともあるフグになる戦略が必要だ。」

こうした専門家たちは、韓国の政治エリートや資本家たちの苦しい心情を共有し体感しているだけあって、比喩にたけている。実感がこもっている。

アメリカ国務省関係者が「中国ファーウェイの通信装備を使う韓国企業に法的リスクを確認することが会社の利益につながる」と脅したのにたいして、韓国政府側は「民間企業が決めること」というように逃げた、という。ボイス・オブ・アメリカ（ＶＯＡ）が一〇月二一日に伝えた、と中央日報が報じた。

二〇二〇年一〇月二二日

〔54〕「解放」は今号も闘争報告だけ

「解放」は今号（第二六四四号）も、前号にひきつづいて、闘争報告だけであった。両号ともに、闘争報告を水じゃぶじゃぶの水増し的に長々と書いて、紙面を埋め、お茶を濁した。

「革マル派」の神官たちの脱イデオロギー化もここに極まった、というべきか。

二〇二〇年一一月五日

〔55〕東芝、石炭火力発電所の新規建設事業から撤退

東芝は、石炭火力発電所の新規建設事業から撤退するとともに、太陽光や風力などの再生可能エネルギー事業の売上高を二〇三〇年度に六五〇〇億円へと現在の三・五倍に伸ばすことを目標とする、という方針を決定した。この分野に、二二年度までに、現在のエネルギー分野全体の年間投資額の約五倍にあたる一六〇〇億円をつぎこむという。

もちろん、盗聴やハッキングが理論上不可能な「量子暗号通信」や、がんの検査・治療、患者のゲノム（全遺伝情報）解析などの「精密医療」といった最先端技術部門に重点をおくことには変わりはない。

東芝は、日米の権力者にうながされて原子力発電所建設事業に手を出すことによって、アメリカの原発子会社が巨額の損失を計上し、経営破綻した。この危機を、主力の半導体事業部門

を売却することによってのりきってきたのであった。

もはや、原発設備建設事業も石炭火力発電設備建設事業も駄目になった。東芝は、独自開発の最先端技術部門の育成をめざしつつ、再生エネルギー部門を拡大することにかじを切ったのである。

東芝のこの企業戦略転換は、全世界の各国の権力者どもが、温室効果ガスを削減するという政策に足並みをそろえ、かつ全世界の諸独占体および金融機関がこぞって、二酸化炭素排出を削減するとともに再生可能エネルギー部門に資本を投下することを社会貢献として押しだしはじめたこと、このことを根拠とする。

日本の菅政権は、二〇五〇年までに温室効果ガスをゼロにするという政策をうちだした。アメリカ大統領の座を手にしたバイデンは、トランプの政策を破棄し、パリ協定に復帰するという態度を表明した。中国の習近平は、すでに、二酸化炭素を削減するために電気自動車の普及にのりだしてきていた。こうして、これらの権力者は、ヨーロッパ諸国の権力者と軌を一にしたのである。

各国政府による法的および政策的な規制と社会的な規制があたえられたことを条件として、二酸化炭素の排出を削減するための技術開発部門および再生可能エネルギーと呼ばれる部門の技術開発・設備建設・エネルギー生産の諸事業は、膨大な利潤を生むものとなった。こうした諸部門の諸事業は、米欧日の国家独占資本主義および中露の国家資本主義の諸独占体が、過剰となった資本を投下するための絶好の部面となった。こうした諸部門への資本の投下は、国家独占資本主義および国家資本主義の過剰資本を処理するための一形態という意義を獲得した。

もちろん、各国の権力者と諸独占体は、再生可能エネルギー部門を利潤を生むものとするために二酸化炭素の排出削減を叫びだしたのではない。

彼らは、資本の自己増殖のために、したがって諸商品の大量生産・大量消費・大量廃棄のために、森林を破壊し、酸性雨と地球の温暖化をもたらし、有害な廃棄物を陸や海に投棄してきた。大水害が人びとの生命と生活を奪った。みずからがもたらした自然と人間生活の破壊への労働者・勤労民衆の怒りをそらし自己保身を図るために、彼ら権力者どもと独占資本家どもは、自分たちは地球環境の劣化に対処しているのだ、という態度をとることに踏み切ったのであり、二酸化炭素を悪者に仕立てあげたのである。

たんに二酸化炭素だけが悪いのではない。資本の自己増殖のために、一方では、石炭や石油や天然ガスというかたちで過去に蓄積された太陽エネルギーをいま地上に放出し、またウランに内在する核エネルギーを人為的に解き放つ、とともに、他方では、森林を破壊して太陽エネルギーの現在的な蓄積を阻害するかぎり、階級的人間による地球の温暖化は必然的にもたらされるのである。しかも、二酸化炭素は大気中で一様に増大にするのではない。その濃度は都市部に偏って増大し、これにヒートアイランド現象も加わる。これらが、大水害の要因となっているのである。

権力者どもの、温室効果ガス削減政策に惑わされてはならない。独占資本家どもおよび官僚資本家どもによる利潤の追求のための膨大な自然素材の浪費とこれにもとづく環境的自然の破壊そのものが問題なのである。

二酸化炭素の削減や環境保護を各国政府や諸企業にお願いするのであるかぎり、その運動は、温室効果ガス削減政策に踏み切った各国権力者にからめとられてしまうことになる。その運動の担い手たちは、権力者のその政策に、みずからの要求の実現を見いだしてしまうことになるからである。

また、原発の危険性を訴えてその廃止を政府に要請するのであるかぎり、その運動は、福島原発事故への自己保身を図るとともに放射性廃棄物の処理の方途を見いだせず、原発を増やさないという態度を表明している政府にからめとられてしまうことになる。

ここに登場してきたのが、資本主義であるかぎりは地球環境を守れない、という声をあげる人たちである。経済成長を追求する資本主義ではなく、「脱成長のコミュニズム」を、と提唱する部分が、それである。

だが、これは、マルクスの再評価を唱え「コミュニズム」を叫んでいようとも、水などの公共物を地域の公共的な団体が管理する、こういうことを拡大していく、というものでしかないのである。資本によって搾取されている労働者が、みずからを階級として自覚し階級的に団結し、みずからの解放をかちとる、というものではないのである。たとえ労働者についてふれたとしても、長時間労働から解放されるならば、彼は公共的な団体の一員として公共物の管理に加わることができる、というようなものでしかないのである。労働者はいかにして長時間労働からみずからを解き放つのか。過酷な長時間労働・極限的な強度の労働を強制する企業経営者にたちむかうために労働者たちは労働組合に結集してたたかおう、という指針はまったくうちだされてはいないのである。

これでは、「コミュニズム」と言っても、地域の住民団体主義というようなものでしかないのである。

労働者たち・勤労者たちは、このようなイデオロギーの問題性をもあばきだし、階級的に団結して、資本による自然破壊と搾取と収奪をうちやぶるためにたたかおう！

二〇二〇年一一月一一日

〔56〕 清水丈夫の向こうを張って常盤哲治?

「解放」紙上に、一二一・六革共同政治集会で、常盤哲治が「革共同第三次分裂の最終決着を宣言する」という題目の《特別報告》をする、と掲載された。《基調報告》ではない。《特別報告》である。

清水丈夫は生きていたけれども常盤哲治もまた生きているぞ、と、「革マル派」の神官たちによって常盤哲治は引っ張りだされたのであろうか。

二〇二〇年一一月二〇日

〔57〕　神官たちが常盤哲治を引っ張りだしたゆえん

中核派官僚が清水丈夫を引っ張りだしたのと同様に、「革マル派」の神官たちもまた、「革マル派」組織の瓦解をくいとめるために常盤哲治を引っ張りだしたのであろうか。「革共同第三次分裂の最終決着を宣言する」というシンボルを掲げざるをえないほどまでに、「革マル派」組織の瓦解はドラスティックに進行しているのである。

「革マル派」の下部組織成員のみなさん！

反スターリン主義運動の推進を意志するすべてのみなさん！

勇気をふるいおこして、私に連絡をとってください。

二〇二〇年一一月二一日

〔58〕　インターネットの分断「スプリンターネット」

インターネットの分断を意味する「スプリンターネット」ということが騒がれている。「スプリンターネット」という語は、「スプリンター（破片）」と「インターネット」とを組み合わせた造語だという。

国境を越えて流通するデータ量は、二〇一九年には、中国（香港をふくむ）がアメリカの二倍となり、アメリカ一強時代はすでに終焉しているのだ、という（「日本経済新聞」電子版）。二〇一四年には、中国はアメリカを抜いた。

中国とアメリカを中心にして、各国の政府は、自国で飛びかうデータを国内に囲いこむと同時に、自国と他の国ぐにとのあいだで流通するデータを増やすことに狂奔している。このデータの多さが、ＩＴ（情報技術）およびＡＩ（人工知能）技術の開発の優劣を決するからである。

アメリカ政府は、５Ｇ技術の開発において中国に敗北したことをのりきるために、その技術の開発と諸製品の生産において世界の先頭を切っているファーウェイを自国から排除するとともに、これに追随することを同盟諸国に強制してきた。これは、情報を伝達する通信技術にかんすることがらであり、大きくいってＩＴおよびＡＩ技術のハードウェア面にかかわるものである。

アメリカ政府は、さらに、インターネットのもろもろのソフトウェアを提供し管理する中国系の諸企業を国内から排除する諸行動をくりひろげてきた。これは、人びとへのソフトウェアの提供なのであるからして、当然にも、ＩＴおよびＡＩ技術のソフトウェア面にかかわるものである。

これらにたいして、スプリンターネットと呼ばれているところのものは、ＩＴおよびＡＩ技術の開発と開発された技術諸形態の操作のために必要な情報（データ）の自国への独占にかんするものなのである。

自国で飛びかうデータを国内に囲いこむのは、人口の多い国ほど有利である。また、国境を越えて流通するデータを自国のもとに取りこむのは、他の国ぐにに経済的な影響力をもつ国ほど国際的な競争にうち勝ちうる。

習近平の中国は、世界の覇権をアメリカから奪いとる国家戦略を内外に貫徹することを基礎にして、データの自国への独占を着々とおしすすめてきた。データを取りこむ相手国を、シンガポールやベトナムなどのアジア諸国に大幅に伸ばしてきたのであった。

自国経済の衰退に圧迫されるアメリカは、全世界のデータを自国に集中していた過去の地位から転落し、その相手国は、ブラジルが一位となるというようにアメリカ大陸に縮んできてしまっているのである。

多くのデータを自国内で交信するロシアやインドは、イギリス・ドイツ・フランスなどとデータのやり取りを拡大しており、ロシアやインドとのデータの流通の多いヨーロッパ諸国が、中国とアメリカに相対する第三の極を形成しているのである。

かつてはそれなりの地位を保持していた日本は、いまやアメリカに、その同盟国としておこぼれをいただくという地位にまで転落しているのである。

ここに、日本の政府と独占資本家どもの危機意識がある、と言ってよい。

世界各国の権力者と資本家どもは、労働者・勤労民衆の搾取と収奪と抑圧を強化することを基礎にして、このような抗争をくりひろげているのであって、全世界の労働者たち・勤労者たちは、自分たちへの搾取と収奪と抑圧の強化をうち砕くために国際的に階級的に団結してたたかいぬこう！

二〇二〇年一一月二四日

〔59〕　これはどういう精神の持ち主なのだろうか

山下晴雄という方から、このブログの「イデオロギー批判の方法について」という文章にたいして次のコメントをいただいた。

「イデオロギー批判」の方法について論じながら、批判対象の見解をつかむところで失敗している。

「斎藤幸平の「加速主義」という見解」というゼロ番目の把握に端的だが、すでにある「加速主義」を自称する一群のイデオローグについて斎藤が紹介したことを、「斎藤の見解」にしてしまっている。

論じる者と論じられたものとの区別がつかないのに、どうして「イデオロギー批判」などという看板を掲げられるのか不可解だ。

にもかかわらず、後続する大演説まで書けてしまうのは、この文章の筆者じしんの「頭のまわし方」がおかしいからだろう。

この人は、斎藤の見解についての私の把握がここに書かれているようなものだと本当に把握しているのであろうか。

もしもそうであるならば、この人は、いったい、他者の文章をどのように読み他者の見解をどのように把握するのであろうか。

私は、「斎藤幸平の「加速主義」という見解」という表現でもって、彼が「加速主義」ということを自己の主義・主張としてのべている、ということを言っているのではない。彼が他者にたいして「加速主義」というレッテルをはり「減速主義」を自己の主義・主張として対置するという・彼のこの単純な頭のまわし方を問題にしているのである。これは、私の文章を読めば一目瞭然のことである。

もしも私の右の表現にたいして、これでは「加速主義」というのは斎藤の積極的な見解なのか、それとも彼が他者にたいして張ったレッテルなのかわからないではないか、前者のように読めてしまうではないか、と非難するのであるならば、それは重箱の隅をつつくようなケチつけだ、というだけの話である。

私の先の表現から、斎藤についての私の把握なるものをこしらえあげたのであるならば、それは政治主義的な批判だ、という話である。

これらなのではなく、私が「加速主義」を斎藤の積極的な主張と把握している、というように山下を名のる人が本当にまじめに把握しているのだとするならば、この人は対象をまったく分析することのできない・観念の世界に棲んでいる人だ、と言うほかはない。

斎藤は、「完全にオートメーション化された豪奢なコミュニズム」を提起しているイデオローグたちが、巷で「左派加速主義」と呼ばれていることを紹介しているのであり、斎藤自身もこの対象を「加速主義的なコミュニズム」と呼称して、「減速主義」を、すなわち「脱成長のコミュニズム」を対置しているわけである。斎藤がこのように主張する前提として、「加速しかできない資本主義」というように、資本主義それ自体を加速主義というように捉えているのである。私は、当該の文章では、斎藤が現代の資本主義それ自体を加速主義というように捉えていることを問題にしているのである。

自己の対象をなす他者がどのように頭をまわしているのかを分析することができない、というのは、山下を名のるこの人は、いったい、どのように自己の頭をまわしているのであろうか。

この人物が私の文章からどのようにして私の像をつくりあげたのか、と思い、いま私の文章を見かえした。

次のように書いていた。

斎藤幸平の「加速主義」という見解をとりあげよう。

これは、彼が、今日の地球温暖化の根拠を資本主義そのものに求め、「脱成長コミュニズム」という展望を基礎づけるために、今日の資本主義を分析し特徴づけたもの、つまり分析内容のレッテル的表現である。

ここで、われわれは、「加速主義」という分析に駆使されている方法は何か、というように頭をまわさなければならないのである。この分析につらぬかれている方法をつかみとる、というようにわれわれは意志するならば、この「加速」とは経済成長の加速ということであり、彼は、一本の道を想定し、この道をスピードアップして走りつづけるのか、それともゆっくり歩くというように転換するのか、というように問題をたてている、ということをつかみとることができるのである。このような論理は、きわめて単純なものであり、量的な・もののつかみ方である、ということがわかるのである。いまつかみとった論理は、彼の認識方法論そのものではなく、彼のもっている存在論的な論理（加速か減速かという単純な存在論的論理）を彼が現実を分析するときに方法的基準として適用したものである。――このようにわれわれはつねに、当該の見解を対象化した主体が、現実を分析するために駆使した方法をつかみとる、というように意志しなければならないのである。

この文章から、山下を名のる人物が描きあげたような私の像ができるのか、――この人物が大真面目なのだと考えるかぎり――私には論理的にもイメージ的にもおしはかることができない。やはり、この人物は観念の世界に漂っているのであろう。

二〇二〇年一一月二四日

〔60〕アメリカで「階級間の亀裂」とは？

「米大統領選で露呈した階級・階層・人種・地域間の亀裂」――これは、「革マル派」の神官たちが「解放」紙上で最近うちあげているシンボル的言辞である。

ここで列挙されているなかのトップに出てくる「階級間の亀裂」とはいったい何のことをさすのだろうか。「階級間」だから言葉どおり読めば、労働者階級と資本家階級との間の亀裂ということになる。しかし、まさか、彼らはこんなことを言っているのではないであろう。アメリカの労働者階級はみずからを階級として自覚し自己組織化しえていないのだからである。アメリカの労働者階級は、みずからと資本家階級との間に亀裂を入れえてはいないのだからである。

そうすると、「階級間の亀裂」とはいったい何をさすのか。

これが何をさすのかということの説明がないので、論文の筆者が文章で書いているところとの関係において読みこむならば、ヒスパニック・黒人の労働者や白人労働者の一定の部分がバイデンを支持し、白人労働者の他の一定の部分がトランプを支持したことをさして、筆者は「階級間の亀裂」と言っているようなのである。

こういうことをさすのであるならば、「労働者階級内の亀裂」とは言えても「階級間の亀裂」とは言えない。

「革マル派」の神官たちは、自分の言っていることが何を意味するのかということが、もはやわからなくなっているのである。

おそらく、彼らは、巷で「アメリカの分断」とか「アメリカの階層・人種・地域間の亀裂」とかと言われていることを模倣したうえで、自分たちは階級的立場にたっているのだということを下部組織成員にしめしたい一心で、その句のなかに「階級」という言葉をつっこんだのであろう。ところが、そうやってしまうと、「階級間の亀裂」という表現になってしまい、労働者階級と資本家階級との亀裂という意味になってしまう、ということに彼ら神官たちは気がつかないのである。

「革マル派」の神官たちは、自分がうんこを垂れ流していても、そのことにまったく気がつかなくなってしまっているのである。

このことは、アメリカの労働者階級が、その半分が支配階級の一派に組織され、他の半分が支配階級の他の一派に組織されている、というように分断されている、ということに、彼ら神官たちがまったく危機意識をもっていないということにもとづくのである。「階級間の亀裂」などということを平気で言えるのは、こういうことにもとづくのである。

「革マル派」の下部組織成員諸君！

このような指導部と断固たたかおう！

二〇二〇年一一月三〇日

〔61〕　電気自動車分野で立ち後れる自国への日本政府の危機感

日本政府・経済通産省は、二〇三〇年代半ばに国内で販売されるすべての新車について、「電動車」に移行する、という方針をうちだした。

このことは、電気自動車の開発・生産・販売・その基盤整備のあらゆる分野において、日本が中国および欧米諸国に決定的に立ち後れていることへの政府および独占ブルジョアジーの危機意識にもとづく。

ヨーロッパ諸国だけではなく、中国の習近平政権につづいて、アメリカの次期政権を担うバイデンもが、温室効果ガス排出の実質ゼロを目標とする政策をうちだしたことを条件として、電気自動車の分野が膨大な利潤を生む格好の投資先となり、この分野での競争がますます激しさを増した。この分野への資本の投下が、国家独占資本主義および国家資本主義における過剰資本を処理する一形態という意義を獲得したのである。

だが、この分野では、トヨタを先頭にして日本の自動車諸独占体は後れをとったままなのである。このことは、これらの諸独占体が、みずからが先端を走るハイブリッド車の開発と生産に安住し、ここでのみずからの優位になおしがみついていることにもとづく。ヨーロッパ諸国の自動車独占体の意を体したこれらの諸国の権力者たちが、ハイブリッド車の分野における日本の優位を叩き潰すために、ガソリンを使う車自体を禁止する目標を掲げはじめたにもかかわらず、そうなのである。日本の自動車産業もまた、すでにガラパゴス化しているのである。

日本政府がうちだした方針に言う「電動車」という規定には、電気自動車（ＥＶ）だけではなく、ガソリンエンジンとモーターを併用するハイブリッド車（ＨＶ）などをふくむ。だから、

「電動車」という表現を使うだけでその中身を規定しない日本政府の方針は、日本の自動車諸独占体の現在の意向をふまえたものなのである。

しかも、ＥＶの普及のためには急速充電施設の設置が不可欠となる。この部面において日本は決定的に立ち後れているのである。

日本メーカーでもっとも売れているＥＶは日産「リーフ」の約六万六〇〇〇台（一九年度）であるのに比して、アメリカのＥＶ大手テスラの一九年の販売台数は約三六万台だったのである。

日本の諸独占体はみずからのこの後れをとりもどすために、自動車産業の労働者たちに死にもの狂いで合理化および不採算部門の切り捨ての大攻撃をかけてくるにちがいない。カルロス・ゴーンが日産でやったように、である。独占資本家どもは、あくまでも労働者たちに犠牲を強いてみずからの延命を図るのである。

あらゆる産業の労働者たち・勤労者たちは、温室効果ガス・ゼロ目標の達成を名目として政府・独占資本家どもが仕掛けてくる攻撃をはねかえすために、階級的に団結してたたかおう！

二〇二〇年一二月四日

〔62〕 労働者協同組合法の成立

全会一致――プロレタリア階級闘争の壊滅の紋章

東京新聞（電子版）は次のように報じた。

＜働く人が自ら出資し、運営に携わる「協同労働」という新しい働き方を実現する労働者協同組合法が四日の参議院本会議で、全会一致で可決、成立した。二年以内に施行される。やりがいを感じられる仕事を自ら創り、主体的に働くことを後押しする仕組み。介護、子育てといった地域の需要にかなう事業が生まれ、多様な雇用機会の創出につながる結果が期待される。＞

この法案の成立の過程をずっと追っかけ、報道原稿を書いてきた、東京新聞の坂田奈央・石川智規といった記者は、労働者の悲惨な現実に心を痛める良心的な人なのであろう。「協同労働」について次のようにその意義を語っているからである。

＜協同労働の考え方は、現代社会で働く多くの人たちが、意欲や能力に見合った就労の機会が与えられず、失職する恐怖や疎外感に悩まされているという問題意識に根ざしている。地域社会の要望に沿った、やりがいを感じられる仕事を住民が自ら創り、主体的に働ける仕組みとして、協同労働が考え出された。＞

だが、彼らの善意に反して、この法律の成立は、日本における労働者的な労働運動の壊滅の、すなわちプロレタリア階級闘争の壊滅の紋章なのである。このことは、この法案が国会において全会一致で採択されたことに端的にしめされている。

国会で、与党は次のような法案賛美劇を演じた。

公明党の議員・伊佐進一が「労働者のための協同組合制度を作る法案の目的は。」と質問し、法案提出者の自民党の橋本岳が「多様な就労の機会が創出されるとともに、地域の多様な需要に応じた事業が促進され、持続可能で活力ある地域社会の実現に資すると考える。」と答える、というように。

公明党の議員は、わざわざ「労働者のための」と強調して見せ、自民党の議員は〝地域振興のため〟というように資本家のためであることをおしだしたのである。

また、共産党の議員は次のような弥次喜多劇を演じた。

同党の議員・高橋千鶴子が「事業を優先するあまり、賃金を低くするなど労働法規を守らなくなる危険性はないか。」と問い、法案提出者である同党の・宮本徹が「労働法規を順守することや、公正な競争を阻害する活動は行わない旨が明らかにされると考える。」と応じる、というように。

この共産党議員の劇は、この資本制商品経済の激烈な競争のもとで生き残るためには労働者協同組合企業に出資しかつ雇われる労働者はみずからすすんで賃金を下げることを迫られるのではないか、という不安や疑問をもつ労働者たちをごまかし、彼らをなだめ懐柔するものなのである。

今日このときに与野党の両者がこの法律を成立させたのは、支配階級の側からするならば、この新型コロナウイルス感染拡大のもとで、献身的に働きながらその過酷さのゆえに離職や施設の閉鎖の相次ぐ介護労働者・保育労働者などに、みずから労働者協同組合を結成してこの業界を下支えせよ、と迫るとともに、そうするならば主体的に働けるではないか、というように労働者たちを欺瞞し、彼らを現存支配秩序のもとにからめとることをねらったことにもとづく。

もはや左翼とはいえない・かつての既成左翼政党および既成労働運動指導部の側からするならば、彼らが、日本の労働運動を、現存国家を翼賛し資本家的企業に奉仕するものへと変質させてきたみずからの階級的犯罪をおおい隠し、現存支配秩序のなかで労働者協同組合企業といったものを増やしていくならばその暁に労働者の社会を実現することができるという幻想をまきちらし、労働者たちを欺瞞することを意図したことに根ざしているのである。

出資した労働者たちが労働者協同組合という団体とのあいだで雇用契約を結び、労働組合を結成することができる、と規定されているとしても、だから、彼ら労働者たちが労働組合を結成したとしても、この労働者協同組合に希望を託し、その量的拡大をめざすかぎり、労働者たちは、資本家的諸企業とのあいだでの激しい競争にうち勝ち生き残るために、みずから賃金やもろもろの労働諸条件を切り下げることを余儀なくされるのであり、彼らは労働者としての自覚を喪失していくことになるのである。

もしも、労働者たちが自分たちの雇用を守るために労働者協同組合を結成してたたかうことがあったとするならば、労働者たちは、この労働者協同組合の限界を自覚し、そこに同時につくりだした労働組合の一員として自分たちの階級的自覚と階級的団結をたかめ打ちかため、他の諸企業の労働者・労働組合との階級的な団結を強化していくのでなければならない。

斎藤幸平の反労働者的言辞

「脱成長コミュニズム」を提唱する斎藤幸平は、東京新聞の記者の取材にたいして次のように答えた。

「労働者協同組合法の成立は企業や株主の意向に振り回される働き方から労働者を解放し、働きがいや豊かさを価値の中心に置いた働き方に変える契機になる。」「利潤を追求する資本主義に一石を投じることができる。」「政治は有権者が対等に一票を持っているが、企業の中で労働者に一票はない。株主に意思決定権をはく奪されている。」「協同労働であれば、労使関係を前提とせず、自分たちが組合に出資し、ルールを定め、何をどのように生産・販売するかを主体的に決めることができる」、と。

このような考え方は、労働者協同組合を、それが編みこまれているところの資本制商品経済から切り離し、資本制的競争から隔絶したユートピアとして描きあげるものである。それは、労働者労働組合にも価値法則が貫徹されることを無視した幻想的なものなのである。

この考え方は、労働者たちがみずから主体的に労働する物質的諸条件を獲得するのは、すなわち労働者たちがみずからを資本制的に疎外された労働から解放するのは、資本による賃労働の搾取という資本制生産関係をその根底から転覆することによってであるというこの根本問題を放擲し、したがってブルジョア国家権力を打倒しプロレタリアート独裁権力を樹立しなければならない、というこの結節点の問題をこっそりとさけて、資本主義社会におけるユートピアたる労働者協同組合の量的拡大によって労働者の社会を実現することができるかのように語るものなのである。

　このような考え方を斎藤幸平は、『人新世の「資本論」』において、マルクスが、将来社会を、すなわちもはや労働者たちの労働が――その対象化された形態において――価値という物的規定をうけとるということのない共同社会を「協同組合的社会」と呼んだことをもって基礎づけていたのである。だが、マルクスは、資本制生産関係をその根底から転覆することによって全社会が協同組合のようなものとなっている・そのような社会というように、将来社会を協同組合になぞらえて表記したのであって、労働者協同組合の量的拡大によって新社会が誕生する、というようなことを言っているわけでは決してないのである。

　マルクスの言葉をもってするマルクスのこの意図的な歪曲は、斎藤が、ソ連崩壊というかたちでのスターリン主義の破産によって展望を喪失した日本共産党系のスターリン主義者が、エコロジーにのりうつってのマルクスの再解釈にのりだしたこと、この流れをくむ人物であることにもとづいているのである。

　われわれは、破産したスターリン主義をその根底からのりこえていくために、マルクスのプロレタリアートの自己解放の理論のこのような今日的歪曲をも徹底的にあばきだし粉砕していくのでなければならない。

二〇二〇年一二月五日

〔63〕 神官たちの対応不能の宣言

常盤報告（一二・六革共同政治集会特別報告）は、わが探究派のイデオロギー闘争への対応不能の宣言にほかならない。

「革マル派」の神官たちは、われわれのイデオロギー的＝組織的闘いを、社青同解放派の仕業と偽った。このような嘘をつくということは、わが反スターリン主義運動の歴史においてあっただろうか。

彼らがこのような嘘をついたのは、われわれの批判に彼らが何ら反論することができないからである。われわれが誰であるのか、どのような主張をしているのかを、下部組織成員に隠蔽するために、彼らはこんな嘘をついたのである。ただただ、われわれを、自分たちを「宗教集団」と非難し「組織暴露」をしている集団だとして、下部組織成員に「見ざる・聞かざる・言わざる」の態度を強制するために、彼らはそうしたのである。

黒田寛一の神格化は、このようなかたちで下部組織成員をかためるために彼ら神官たちがおこなった、組織成員の精神構造の破壊であった。
下部の組織成員諸君！
こんな指導部に屈従していていいのか！

二〇二〇年一二月一二日

〔64〕　なんともヤヤコシイ報告

読売新聞のコラム「よみうり寸評」の執筆者といえども、菅首相から心が離れはじめたようだ。大阪弁の「ややこしい」と引っ掛けて次のように書いている。

『大阪ことば辞典』はさすがに詳しい。＜ヤヤコシイ男やなア＞という用例ひとつとっても、＜本心のはっきりせぬ、つかまえどころのない＞…と語釈が列挙されている」「菅首相」は「なんともヤヤコシイお人である。」

「革マル派」常盤報告は、なんともヤヤコシイ報告やなア。

二〇二〇年一二月一七日

〔65〕 下部組織成員は自己の「ペルソナ　脳に潜む闇」から決裂しよう！

新聞に、脳科学者・中野信子の本『ペルソナ　脳に潜む闇』の広告が載っていた。世に言う美人であるせいか、この人の顔写真がど真ん中にあった。これが、この人のペルソナ（仮面＝人格）なのだろう。

宣伝のために掲載されている・MARUZEN&ジュンク堂書店梅田店の伊藤由泰さんの評が深い。

「正義論を振りかざし、こうあるべき論がはびこる生きにくい社会の中において私たちはどこか疲れている。空気を読む脳に疲れた私たちのための一冊」

「革マル派」の下部組織成員は、おのれの指導部である神官たちがかもしだす空気、この組織内空気を読み叱責を恐れ・期待されるペルソナを演じて疲れ果て・安穏を希求する自己の内面に潜む闇を自覚し、これから決裂して、腐敗した指導部と断固として対決するおのれをつくりだそうではないか！

二〇二〇年一二月一八日

〔66〕　玉手箱に入っていたのは鏡だった

「はやぶさ2」の報道で、浦島太郎の物語にでてくる言葉が新聞紙上をにぎわしている。この物語については、玉手箱に入っていたのは煙ではなく実は鏡だったという説がある。このおとぎ話を自覚論的に改めたのである。「革マル派」の下部組織成員は、政治集会常盤哲治報告を、反スターリン主義的主体から遠く離れるまでになったおのれを映しだす鏡の入った玉手箱とすべきではないだろうか。

二〇二〇年一二月二〇日

〔67〕　すなおな客観主義に――「解放」新年号

「解放」新年号の筆者は、「革マル派」神官たちの頂点にたつメンバーよりも若い世代の人物なのであろう。格調が低いのは例年同じであるとしても。「どん底の底が破れるとき、光まばゆい世界が……」というような神がかった言辞をひねりだすことに苦心するのではなく、すなおに書いているからである。すなわち、すなおに客観主義をさらけだしているからである。

この人物は言う。

「……たしかにわれわれはいま、一つの時代が終わり一つの時代が幕を開ける世界史的激動のまさにまっただなかに於いてあるといえる。

だが、マルクスの唯物史観を背骨とするわれわれにとって、いわゆる「ポスト・コロナ」が何であるかは自明である。末期性を露わにしている腐朽せる現代資本主義をその根底から覆し、それをつうじて開かれる「つぎの今」とは、真実の社会主義・共産主義の創造以外にありえないのだ。」

おお、なんと！

なんと、あっけらかんとした客観主義であることか！

プロレタリアートの階級的組織化とまったく無関係に、「一つに時代が幕を開ける世界史的激動」を、そして「真実の社会主義・共産主義の創造」を語っているからである。これを書いた主体には、プロレタリア階級闘争の壊滅という事態をなお打開しえていないおのれへの痛みも、苦渋の念も何もない。

「……開かれる「つぎの今」」とは、いったい何なのか。

この言葉を発した主体の主体的真実は、〈いま・ここ〉に於いてあるわれわれが・この場所をのりこえ変革し切り拓いていく、という実践的立場＝変革の立場の放擲である。いまは亡き同志黒田寛一の場所の哲学＝実践の哲学の破棄である。

「つぎの今」などというのは、「今」の次には「つぎの今」がくるというように、時間の流れを対象的に措き、時空を超えた宇宙船に乗ってこれを眺めているものとして、自己と自己のおいてある場所を観念しているものである。これは、明らかに黒田寛一の場所の哲学の否定である。黒田哲学の叙述のどこに、「つぎの今」というのがでてくるのだろうか。教えてほしい。

われわれは〈いま・ここ〉で・この場所を変革するために実践するのである。「開かれる「つぎの今」」などと語るのは、おのれのこの実践の無視であり、おのれの・実践主体たるの自覚の欠如である。

それは、歴史の必然性によって社会主義・共産主義が創造されるのだ、とするスターリン主義の本領たる客観主義の再生産である。

「革マル派」の下部組織成員諸君！

このような客観主義から決別しよう！

二〇二〇年一二月二三日

〔68〕 政治ゴロとして生きる道を選んだ！

「革マル派」組織を牛耳っている連中は、政治ゴロとして生きる道を選んだ。

「解放」新年号の巻頭論文は、政治集会常盤哲治報告と統一的に把握されるべきであり、これらのしめしているものは、彼らが内容的にも形式的にも政治動物となった、ということである。

われわれから批判を浴びて都合が悪くなり、これまでの主張を一八〇度ひっくりかえしても、彼らはへっちゃらである。このことに何ごとかを感じる感性を、彼らはもはやもっていない。われわれの批判に自己保身し、われわれの批判から逃げることだけを彼らは考えているのである。

われわれの批判から逃れるために、彼らがこの新年号で、まったく逆のことを言いはじめたり、重点移動させたり、口をつぐんだりしたのは、大きなものだけでも次の諸点がある。

①これまでは自分たちが〈ウイルス対人類〉という図式を描いて「全人類的危機」を叫びたてていたのに、「〈ウイルス対人類〉なる俗説を暴く」と主張しはじめた。

②これまでは日本がアメリカの鎖に縛られているということだけを言い日本を「アジアの孤児」と特徴づけていたのに、日本の独自利害を付け加えはじめた。

「日本の権力者どもは、日米安保攻守同盟という鎖に縛られているがゆえに、政治的・軍事的にはアメリカに追従せざるをえず、しかし経済的には中国やアジアの諸国との関係を深め、その相対的になお安い労働力を食い物にして日本独占資本の延命をはからざるをえない。」と。

③サウジアラビアの油田施設攻撃にかんしては「イランの画歴史的攻撃」というようにイラン権力者をあれほど賛美していたのに、今度は、「イランの権力者は、アメリカの制裁下で苦しむイラン人民の反政府闘争を力で抑えこみながら、……」というように、イラン権力者を悪者として描きはじめた。

④これまでは「韓国の労働者・人民を支援する文在寅」と言っていたのに、この新年号では、韓国文在寅政権の分析がない。

⑤二〇二〇年の新年号では「組織哲学」ということをがなりたてていたのに、今新年号では、この文言はまったく出てこない。そのかわりに「(1) 心情主義を捨てよ。(2) 論議のなれあいをやめよ。(3) 相互の傷のなめあいをやめよ。……」というようなことの引用をはじめた。

これは、指導部に反発したり、どこかで知った探究派のことについて言いふらしたりみんなの前で質問したりすると徹底的に批判し追及するぞ、という脅しである。
自己保身と恐怖政治、これが政治ゴロと化した「革マル派」現指導部のやり口である。
下部組織成員諸君！
このような指導部を打倒し、われわれとともに反スターリン主義運動を再創造しよう！

二〇二〇年一二月二四日

〔69〕 理論的規定に関心がない！

「解放」新年号巻頭論文執筆者すなわち「革マル派」政治集会基調報告者は、ものごとの理論的規定にはまったく関心がない。関心のなさのこの度合いには、彼の政治ゴロとしての面目躍如たるものがある。

彼は、日本共産党指導部にかんして、「労働者人民の闘いを市民主義的で議会主義的に歪曲する脱色スターリニスト党官僚」と書いたかとおもえば、そのすぐ下の段で、「政権ありつきパラノイアに溺れきっている日本転向スターリニスト党官僚」と書いている。自分が違うことを書いているということに、彼は気がつかないのである。

日本語としても「脱色」と「転向」とでは大違いである。「脱色スターリニスト」と言えば、なおスターリニスト、すなわちスターリニズムの枠内にあるのだけれども、赤い色がぬけおちてしまったところのスターリニストという意味になる。これにたいして、「転向スターリニスト」と言えば、すでに転向してしまったところのかつてのスターリニスト、すなわちブル転（ブルジョアジーの立場にたつというように転向すること）したところのかつてのスターリニストという意味になる。これは大違いである。

ちなみに、われわれは、今日の「革マル派」指導部にかんして、政治ゴロに転落した、と言うけれども、政治ゴロに転向した、とは言わない。いくらなんでも、そうは言わない。同志黒田寛一が亡くなった後には、当時の革マル派指導部は、中国をさして「脱色スターリニスト」と言い、東欧や西欧のかつてのスターリニストをさして「転向スターリニスト」と呼んでいたのであった。

新年号巻頭論文の執筆者は、自分たちがかつてはどのように言葉を使い分けていたのかということに、まったく関心がないのである。いや、この人物だけではなく、他の指導的メンバーたちも編集局の構成員たちも、このような理論的規定の違いには、もはや関心をなくしているのである。あるいは、政治集会基調報告として提起されたことにかんしてその間違いを指摘することは怖いのかもしれない。

「革マル派」の下部組織成員諸君！

このような指導部と革命的に決裂し、われわれとともに歩もう！

二〇二〇年一二月二五日

〔70〕　自民党幹事長の傲慢

自民党幹事長の二階俊博は、自分たちが大人数で会食したことについて、憤然と口をとがらせて、「まったく無駄なことをしているわけではない」と開き直った。この人物は、自分たちだけが無駄ではないことをしていると思っているらしい。この御仁は、他のみんなは、自分たちが無駄なことをしているので大人数で集まるのをひかえている、と思っているようなのである。

二〇二〇年一二月二八日

〔71〕 解雇され住居を追われたアメリカの労働者

ロイター通信電子版は、アメリカ・アラバマ州の州都フェニックスの情景を描いている。以前には駐車場であったアスファルトの上にペンキで一世帯ごとに一二フィート四方の空間が表示されている。住居を追われた人たちがそこに防水シートを敷いたり寝袋をおいたりして生活する。新型コロナウイルス感染防止のために距離を離すことが求められているのだという。

水道設備がないので、その片隅には簡易トイレや洗濯場がおかれているが、排泄物やごみが散乱し悪臭を放っているところもある。

解雇されここで生活する労働者は、医者だった人や法律事務所の事務員だった人やまたオペラ歌手だった人にも出会ったという。

フェニックスのホームレス収容場所で暮らす人たちは、そこを「ゾーン」と名づけた。大恐慌時代にフーバー大統領の無策をあてこすって貧民地区が「フーバー村」と呼ばれたのに倣って「トランプ村」と呼ぶ人もいるという。

九月に疾病対策センター（ＣＤＣ）が、全米で住居の立ち退き執行を一時的に禁止する措置を取る前に、夏場にかけて執行猶予期限を迎えた二七州では、コロナウイルスによる死亡率が五・四倍に跳ね上がったという。

これがアメリカのありのままの姿である。

これは日本の明日の姿である。

全世界の労働者・勤労者は、このような現実をうち破るために階級的に国際的に団結してたたかおう！

二〇二〇年一二月二八日

〔72〕 ＮＨＫ「名著 資本論」に斎藤幸平が登場、その階級的意味

この番組では、冒頭で『資本論』を「社会変革の実践の書」と紹介した。これは、ＮＨＫとしてはよくできている。

マルクスのこの書のもっとも基本的な概念は「物質代謝」である、と宣言してはじまるとこ

ろにしめされているように、斎藤色が如実にでているのだが、斎藤の主張を知らないでこれを聞けば、人間労働にかんするマルクスの本質論的な規定を紹介しているものとして聞こえるのである。

総じて、『資本論』の勘所をおさえているように見える。いまの「物質代謝」という用語がでてくるところの、『資本論』第五章の労働過程論における人間労働についての本質論的展開の部分、「資本制生産様式が支配的におこなわれる諸社会の富は」ではじまる冒頭商品の部分、そして「血と火の文字で人類の年代史に刻まれるであろう」という資本の根源的蓄積過程にかんする部分などなどを、アナウンサーは次々と読み上げたのだからである。

もっとも、死んだ労働が生きた労働を吸収して自己を増殖する、という価値増殖にかんする部分すなわち資本による賃労働の搾取にかんする部分は、朗読のなかにはなかった。あと三回のなかでこういうこともでてくるのか、それともっと斎藤の主張の方に引っ張っていくのかはわからない。

この番組の制作者の背後にいるところの支配階級＝独占ブルジョアジーは、いま急速に『資本論』に興味をもちはじめている若者たちに斎藤の本を読ませ、たとえ彼らが『資本論』を読んだとしてもこのマルクスを斎藤的に解釈するようにしむけることを狙っているといえる。水や公園や図書館などを公共的に管理することが資本主義における物質代謝の亀裂を克服し・人間と自然との物質代謝の本源的形態を実現することなのであり、これがマルクスの言いたいことなのだ、というように若者たちが理解してくれるならば、『資本論』を読んだ彼ら若者たちを自分たち支配階級にとって無害なものにすることができるからである。

NHKの番組は、このような階級的意味をもつ。

若者たちは、みずからをプロレタリア・あるいは・すぐ将来のプロレタリアとして自覚し、プロレタリア階級として階級的に団結し、自分たちを失業と貧困に突き落とす独占ブルジョアどもと真っ向から対決して階級的にたたかいぬこう！

二〇二一年一月五日

〔73〕 ピラミッドをつくった労働者の方が今より豊かな生活をしていた！

どのようにしてピラミッドをつくったのか、という・夕べのNHKの番組がおもしろかった。マルクスの「アジア的生産様式」にかんする考察をうけつぎこれをほりさげるために、私はこの番組を見たのであった。

ピラミッドをつくるために動員された労働者たちは、これまで描かれてきたような、鞭で打たれて働かされる奴隷の生活をおくっていたのではなかった。

彼らは、建設されるピラミッドの近くに巨大な居住地をつくり、毎日、二四〇〇キロカロリー分の小麦のパンとビールとナイル川でとれた魚と、そして王からの贈り物として、良質の牛肉を支給されていた。彼らは、技術学を学問としては知らなかったが、その労働様式は、技術学的に熟慮されたものであった。

これは、コロナ危機のゆえに経営者によって容赦なく首を切られ、手持ちの金は一〇〇円しかなく、空腹を抱えている、という今日の労働者とは大違いである。

この時代の労働者は、アジア的な専制君主に支配され、この王に隷属する民であった。彼らは、マルクスが「資本制生産に先行する諸形態」において言う・「共同体の偶有的属性」にすぎなかった。しかし、このことは、いまの労働者たちが、彼らよりも精神的にも肉体的にも豊かな生活をおくっている、ということを何ら意味しないのである。

資本が労働者たちの生き血を吸って自己増殖する、というこの社会は過酷である。

商品経済が資本制商品経済として社会を覆い尽くしたのは、たかだかこの何百年かである。商品経済が部分的に従属的ウクラードとして存在したのも、ギリシャ・ローマの古代奴隷制以降である。

スターリンは、原始共産制―奴隷制―封建制―資本主義―社会主義というように、五段階発展史観を定式化した。たとえ、歴史上存在した支配的な社会的生産様式を歴史的順序にそって並べるのであったとしても、原始共産制と奴隷制のあいだに、アジア的生産様式を位置づけなければならない。それは、メソポタミア、エジプト、インド、中国という・いわゆる四大文明というかたちで実存したものなのであり、何千年も存続したものなのである。

そこでは、諸生産物は商品とはならず、貨幣も存在せず、王のもとでの神官や官僚・事務官が、諸生産物、したがって生産諸手段および労働力の・種類ごとの量を記帳し計算して、生産および分配を指揮したのである。この痕跡が、エジプトにおいてはパピルスに記された膨大な文字として残されていたのであり、これを解読することによって、先の労働者たちの生活ぶりがわかったのである。

このようなことを研究することによって、諸生産物が商品となる生産様式は、人類の歴史においてはほんの一局面にすぎず、何らすぐれたものではない、ということが解るのである。

資本制商品経済は、労働者たちを徹底的に搾取する、歴史上もっとも悪辣な生産様式である。

現代の労働者たちは、おのれをプロレタリアとして自覚し、この資本制生産様式を根底から転覆するために、おのれを変革し鍛えあげ階級的に団結しよう!

二〇二一年一月六日

〔74〕 脱炭素産業革命に基づく大攻撃に、実践的立場にたって立ち向かおう！

私は、二〇一九年暮れに、「実践的立場にたって大水害にたちむかおう」という表題の文章において次のように書いた。

「実践的立場にたって

この秋（二〇一九年の秋）、台風によって川の堤防が相次いで決壊し多くの犠牲者がうみだされ大きな被害が出た。われわれは、この事態をわれわれの問題としてうけとめ、この事態に対決するという実践的立場にたたなければならない。

前例をみない堤防の決壊にみまわれたのは、従来であるならば台風は上陸直前には衰えはじめているのに、今年は勢力を強めつつあるまま上陸してきたからだという。これは、日本の近海の海水温度が、例年よりも一～二度高かったことにもとづくのだという。しかも、日本近海の海水温の上昇速度は、他の海よりも激しいのだという。

地球の気温は、跛行的に上昇しているのである。地球の気温を左右する一番大きな自然的要因は太陽の活動である。いま太陽の活動は低下傾向にある。このことからすれば、地球は寒冷化するはずなのであるが、地球は温暖化しているのであり、しかもそれが跛行的に進行しているのである。これは、この事態が、現代帝国主義のもとでの人間の活動によってもたらされていることをしめしているのである。

世界の帝国主義諸国・資本主義諸国、そして中露の国家資本主義国、これらの諸国の権力者および資本家どもは、資本を増殖するために、地球の自然的諸条件を破壊してきた。もろもろの災害をもたらしている・地球の温暖化およびその他の自然環境の破壊は、この資本を増殖するための活動そのものを根拠とするのである。

このゆえに、われわれは、帝国主義諸国の権力者と独占資本家ども、そして中露の国家資本主義国の官僚どもも、彼らによる地球環境の破壊に反対することを闘争課題として設定し、既存の環境保護運動をのりこえていく、というのりこえの立場＝闘争論的立場にたって、われわれの闘争＝組織戦術を解明し、この闘争＝組織戦術にのっとって諸活動をくりひろげるのでなければならない。

現実肯定主義と結果解釈主義

……

われわれは、いまみたような主張につらぬかれているイデオロギーとその物質的基礎、したがって誰の利害を体現しているのかということを見ぬかなければならない。

われわれは、このような連中とよく似た・現実肯定主義と結果解釈主義の立場に陥落してはならないのである。」

いま、帝国主義諸国家権力者と独占資本家どもおよび中露の国家資本主義国権力者と官僚資本家どもは、「脱炭素産業革命」を掲げての大攻撃にうってでてきている。「第四次産業革命」という呼び名は、モノのインターネット（ＩｏＴ）・人工知能（ＡＩ）・量子コンピュータなどなどを中軸としたものから、脱炭素のエネルギー転換を基底としたそれらというものへと、その意味内容が変えられてきている。このエネルギー転換にもとづく新規分野への進出と諸産業部門での大々的な工場閉鎖や大合理化の攻撃に、資本家どもはのりだしてきているのである。

われわれは、この大攻撃をうち砕くという実践的立場にたって、この攻撃阻止を闘争課題として設定し、既存の環境破壊反対運動および脱炭素化にもとづく攻撃への屈服をのりこえていくという・のりこえの立場＝闘争論的立場にたって、われわれの闘争＝組織戦術を解明し、この指針にのっとって諸活動をくりひろげるのでなければならない。現存社会における対象的自然と人間的自然の資本制的破壊およびこれをめぐる階級的諸動向の分析にかんしても、「マルクス再評価」を語る斎藤幸平などのイデオロギーへの批判についても、われわれはこの実践的立場にたって、こののりこえの立場＝闘争論的立場にたって、実現しなければならない。

二〇二二年一月一一日

〔75〕「収奪者が収奪される」を紹介せず！

ＮＨＫ Ｅテレの『資本論』の解説の第二回で、斎藤幸平は、マルクスの言っていることをごまかした。彼は、「資本とは価値増殖の運動である」と言うのだが、その説明は、Ｇ（貨幣）－Ｗ（商品）－Ｇ′（増えた貨幣）とするのみ。資本家は、貨幣でもって生産手段と労働力商品を買うのだ、ということがない。

労働者は人格的に自由であり、生産手段から自由・つまり・生産手段を持たないので働かざるをえず、搾取されるのであり、資本は吸血鬼だ、とマルクスは言ったのだ、と解説するのだが、労働者は生産手段から自由であるがゆえにみずからの労働力を商品として売るのだ、労働力を売るのであって労働を売るのではない、ということは言わない。と同時に、労働者は生産手段を持たない、ということは言っても、他面において、生産手段が資本として集中されたのであり、この資本の人格的表現が資本家なのであって、これは生産者たちから生産手段を——国家の暴力をもって——収奪したことを歴史的根拠とする、ということを言わない。

ここから当然にも、マルクスは「労働時間の短縮」を言ったのだ、と紹介するだけで、「収奪者が収奪される」と言ったということは匂わしさえしないのである。

ようするに、労働者階級は資本家階級から彼らの持つすべての生産手段を収奪するのだ、という・マルクスのプロレタリアートの自己解放の理論を視聴者の目からおおい隠すために、斎藤幸平はこの第二回目の解説を仕組んだのであり、これがＮＨＫとその背後の支配階級の意志なのである。

労働者・勤労者のみなさん！

このことを見ぬき、おのれを、みずからの労働力を商品として売るまでに堕としこめられているプロレタリアとして自覚し、プロレタリア階級として団結しよう！

二〇二一年一月一二日

〔76〕「革マル派」現指導部はどこの世界に生きているのだろう

「解放」第二新年号を読んだ。

糸色望さんが言うように、「革マル派」現指導部はどこの世界に生きているのだろう。

彼ら指導部は、革命的・戦闘的労働者たちに指令を発している。

「アフター・コロナ社会とはいかなる社会であるべきかという問題」をめぐって、組合員たちと論議せよ、と。

彼ら指導部は、もはや、地球上に棲んでいるのでもなく、時空を超える宇宙船に乗って、自分たちの頭にぽっかりと空いた空洞のなかで、新型コロナウイルスが絶滅されたあとの社会をさまよい、ここに建設すべきユートピアはいかなるものであるべきか、と思案しているのであろう。

同志黒田寛一がそれを哲学的に解明したところの変革的実践の立場＝場所的立場にたとうにも、彼らには、立つべき足と足場がないのである。

二〇二一年一月一五日

〔77〕　現代世界と無縁な「解放」記事

ようやく、「解放」最新号（一月二五日付）記事がインターネット上に掲載された。

その中央学生組織委員会論文は、「革マル派」現指導部が、いかに現代世界とは無縁であるかをさらけだしているものでしかない。

それは、「安保の鎖を断ちきらないかぎり日本はアメリカに政治的・軍事的に隷属せざるをえない」というように、自分たちが自分たちを反米民族主義イデオロギーでもって染めあげていることを、ただただ自認するものなのである。なぜなら、日本帝国主義国家権力がアメリカ帝国主義国家権力ととりむすんでいる軍事同盟を、まるごとの日本がまるごとのアメリカにつながれる「安保の鎖」と彼らはみなしているのだからである。

しかもまた、労働戦線と同様に、「ポスト・コロナ社会とはいかなる社会であるべきか」をめぐってイデオロギー闘争を果敢に展開しよう」などというように、彼らは、新型コロナウイルスが絶滅された未来を想定して学生大衆と論議せよ、とマル学同員や全学連フラクションメンバーたちに指令しているのだ。

彼らには、いま、脱炭素のエネルギー革命がおしすすめられていることも、斎藤幸平らの「マルクス再解釈」のイデオロギーが流布されていることも、まったく関係ないのである。彼らはまったく別の世界に棲んでいるのである。

さらには、「革マル派」現指導部は、自分たちと下部組織成員たちがわれわれの批判をうけて動揺する、ということのないように、スターリン主義と中国共産党という名前を持った党とを等置する、という操作を、彼らの原則にたかめた。

それは、「中国スターリニスト政府は、中国の資本主義化をおしすすめ」という言辞にしめされる。

中国共産党という名の党がいくらイデオロギー的にも実体的にも変質しようとも、だからその党員が資本家的官僚や官僚資本家となって労働者たちをプロレタリアに転落させて搾取しようとも、したがって中国の政治経済構造が資本主義的経済形態になろうとも、そしてまたその党の指導部がみずからの党のイデオロギーを中華ナショナリズムによって染めあげようとも、「共産党」という名の付く党が存在するかぎり、中国にはスターリン主義がネオ・スターリン主義という形態において存続しているとみなす、ということなのである。

彼ら「革マル派」現指導部にとっては、マルクス主義の国家=革命理論も、マルクス経済学も、マルクス共産主義論も、そしてなかんずく反スターリン主義理論も、まったく関係ないのである。

彼らは、死んだ人恋しさのあまりに、その人の名前が書かれた墓石にすがりついている人のようなものなのである。

「革マル派」の下部組織成員諸君！

このような指導部から決別し反スターリン主義運動を再創造しよう！

二〇二一年一月二一日

〔78〕脱炭素産業革命に利用される斎藤幸平イデオロギー

ＮＨＫ Ｅテレ 一〇〇分ｄｅ名著 資本論第四回（最終回）――なおこれの第三回にかんしては私は見忘れた――での斎藤幸平の力をこめた弁舌は、〝脱炭素産業革命は物質代謝の亀裂を修復する〟というイデオロギーを流布するようなものであった。

たしかに、彼は「脱炭素産業革命」という言葉は使っていない。だが、「資本主義のもとでの物質代謝の亀裂を修復しよう」「そのためにみんなでコモン型社会をつくろう」と叫ぶ彼の主張を、彼がテレビに出演した・この日本の物質的現実との関係において捉えるならば、そのように言うことができるのである。

ＮＨＫ首脳陣をあやつる日本の独占ブルジョアジーの階級的意志が、この最終回において赤裸々となったのである。

地球温暖化ガス削減の政策に舵を切った日本の独占資本家どもと国家権力者は、脱炭素エネルギー革命とこれを基礎とする産業構造の大再編に労働者・勤労民衆を抱きこむために、すなわち、既存の産業の諸企業における工場閉鎖や生産設備の直接的廃棄にもとづく大量首切りに、労働者たちを従順に従わせ彼らに屈服を強いるために、脱炭素産業革命は「物質代謝の亀裂を修復する」ものだ、というイデオロギーを、「マルクス再解釈」論者・斎藤幸平に吹聴させたのである。

斎藤幸平は熱をこめてしゃべった。

人間と自然との循環すなわち物質代謝、この物質代謝の・資本主義のもとでの・修復できない亀裂を回復しなければならない、そのためには持続可能な社会として、諸財をコモンとして占有することを基礎とする社会をつくりださなければならない、と。

斎藤は、マルクスの言う「ゲマインベジッツ」（一般には「共同占有」と訳される）を「コモンとして占有すること」というように、英語のカタカナ表記（コモンセンスのコモンと同じコモン）を使うことを踏み台にして自論を展開しているのであるが、ＮＨＫのこの番組では、このコモンには「共有財産」という日本語があてられ、斎藤のまやかしは見えないようになっていた。彼は自分の著書では「コモン」に「公共財」という日本語をあて、マルクスが全社会的規模において生産諸手段を共同占有する、共同所有する、という意味で言っている「共有財産」（ドイツ語では「共同所有」と「共有財産」とは同じ語）を、資本主義社会に存在する公共財と同じようなものとみなしたのである。

マルクスが将来の共同社会すなわち共産主義社会をあらわすために使っている語である「アソシエーション」にかんしては、ＮＨＫでは「自然発生的な結社」という説明をつけて、昔の農民の村落共同体と同じようなものとみなしていたのである。これは、斎藤幸平の意をくんだぴったりの説明句である。

「みんなでコモン型社会をつくろう」とされるのだが、先進的な闘いとして紹介されるのは「バルセロナ・イン・コモン」という団体のそれである。公営住宅が民営になって家賃が高騰したので家賃を引き下げる闘いをやっているのだという。このような闘いは改良闘争として必要ではあるが、この闘いをとおしてその担い手にプロレタリア的自覚をうながし階級として組織するのでなければ、資本主義社会を変革する主体を創造することはできない。斎藤とＮＨＫ

は、これとは反対に、公営住宅というようなコモン＝公共財すなわち社会共通資本と規定されるものを増やすことに闘いを封じこめるために、その画像を放映しているのである。

だから、脱炭素産業革命にもとづく大攻撃にたいしては、この程度のことを要求にとどめなさい、と労働者たちを洗脳するのが、この番組の目的なのである。

労働者・勤労者・学生たちは、支配者と斎藤幸平のこのような目論見を見ぬき、みずからをプロレタリアとして自覚し・学生はプロレタリアの立場にたち・階級的に団結しよう！

二〇二一年一月二六日

〔79〕　坂口亜美さんが『影武者嫁はかく語りき』を出版。みなさん！読もう！

坂口亜美☆赤いカオナシさんのツイッター
「ロイヤルリムジンの不当解雇裁判の奮闘記をまとめた本を出版しました。
発売日は二月八日（現在予約中）
オンデマンドですが、書店でも取り寄せ可能です。

是非、お求めください!!」

とのことです。

掲載されている写真を見ると

表題は『影武者嫁はかく語りき』

帯には「おかしい。コレ、絶対にウラがあるよ。」

デザインエック社。Ａｍａｚｏｎ販売。

坂口亜美さん、奮闘記の出版の運びとなりよかったですね。

ロイヤルリムジンの不当解雇撤回の闘いの尖端を切った夫の運転手さんをささえて裁判闘争をたたかい、いままた、本を出版してこの闘いをひろげていく、すごいがんばりですね。

私も、この闘いと連帯し、応援しています。

みなさん!

ロイヤルリムジンの労働者たちの闘いと連帯し、この闘いを引き継ぎ、日本において、そして世界において、働く者の団結を強化していくために、この本を買い・読み・ひろめよう!

二〇二一年一月二七日

〔80〕 水素を動力とする液化水素運搬船の建造へ――川崎重工

水素を燃料とするところの液化水素運搬大型船の建造に川崎重工業がのりだすという。これは、脱炭素産業革命への造船重機資本の対応にほかならない。

＜水素燃料の脱炭素大型船＞と題して読売新聞が報じた（一月二四日）。

＜川崎重工業は、発電用燃料として需要が拡大する液化水素の大型運搬船の建造に乗り出す。船舶分野でも強まる環境規制を見据え、大型船では世界で初めて重油の代わりに水素を動力源とする。二〇二六年度中に完成させる計画で、政府も補助金で開発を支援する方向だ。

建造費は約六〇〇億円とみられ、全長約三〇〇メートル、幅約五〇メートル、総トン数約一三万トン規模の液化天然ガス（ＬＮＧ）運搬船に匹敵する大きさだ。動力としては水素を燃やして発生させた蒸気でタービンを回す川重の独自方式を検討する。

現在、大型船の大半は重油を使うエンジンや蒸気タービンが動力源となる。航行中に大量の二酸化炭素（CO_2）を排出するため、国際海事機関（ＩＭＯ）は船舶への環境規制を強めている。川重は環境性能の高さを強みに中韓の造船大手との差別化を進め、海運各社への売り込みを図る。

運搬船には計四万立方メートルの液化水素を貯蔵できるタンクを最大で四基搭載する計画だ。政府は水素の消費量を現行の年二〇〇万トンから二〇三〇年には三〇〇万トンに増やす目標を掲げており、川重は水素を輸入する大型船への需要が将来的に高まると判断した。＞

これは、産業連関としては、発電に液化水素を使う（電力資本）―この液化水素を運ぶ船を水素を燃料として走らせる（海運資本）―そのような運搬船を建造する（造船資本）、――このような連鎖をつくりだすことを意志したものである。

サハラ砂漠に太陽光発電パネルを膨大に置き、これによって得られた電力でもって水素を生産して液体にし、この液化水素をヨーロッパ諸国やその他の地域に輸出する、という計画があり、これに世界の諸金融資本グループが群がっている。

川重は、このようにして生産された液化水素を運搬する船の建造を狙っているのだ、といってよい。

川重をふくむ日本の独占ブルジョアジーおよびその利害を体現する国家権力者は、右のような諸産業の連鎖を念頭におきながら、脱炭素の諸技術の開発と開発された技術にもとづく生産において決定的に立ち後れていることを挽回することに必死になっているのだ、といえる。

造船部門においては、かつてはその覇権をにぎっていた日本の諸独占体は、いまや、中国や韓国の諸独占体に完全に敗北してしまい、過去の栄光は見る影もない。川重は、進展する脱炭素のエネルギー革命を絶好の機会とばかりに、脱炭素のエネルギーをなす液化水素を運ぶための船舶航行の動力にかんする脱炭素技術の開発においてトップに躍り出る意志をうちかためたのである。

だが、現存の技術において日本を凌駕している中国や韓国の造船重機諸独占体は、すでに脱炭素技術の開発に踏み出しているとみてよい。川重資本の意志は貫徹しうるのかどうか。

その帰趨はどうであれ、連鎖をなす諸産業部門においては、既存の設備の直接的廃棄とその設備を動かす労働にたずさわってきた労働者たちへの首切りの嵐が吹き荒れることは間違いない。

このような攻撃をはねかえすために、全世界の労働者たちはみずからを階級として組織し階級的に団結し、国際的に連帯してたたかいぬこう！

二〇二一年一月二七日

〔81〕「二酸化炭素の排出削減」のスローガンを破棄し、「自然破壊反対」に

「[コピー]「How dare you（よくもそんなことがいえるわね）」」というタイトルの私のブログ記事（二〇一九年秋に掲載したもののコピー）に、糸色望さんから次のようなコメントをもらった。

「政府や各資本に「脱炭素化」を求めていく事は、今日、トヨタ・日産を始めとする自動車産業資本あるいはパナソニックなどの電機産業資本が積極的に推し進める「第三次産業革命」とも位置づけられる「脱炭素産業革命」の尻押しになりかねない危険性があります。」

「……こうした諸実体の動向を念頭に入れ、彼らの「脱炭素化社会の実現」の階級性をも暴露しつつ、彼らの地球環境破壊の反動性・階級性を大衆的に明らかにしていく必要があると思います。」

まさにそうだ、と思う。先の記事において私が提起していたところの、「二酸化炭素の排出削

減」を各国政府や諸企業に要求する、ということにかんしては、今日的に検討し直し、このような指針＝スローガンを破棄しなければならない、と私は考える。

帝国主義諸国および資本主義諸国の権力者、ならびに中露の国家資本主義国の権力者が、そして彼らがその利害を体現する金融諸資本が、おしなべて脱炭素に舵を切り、エネルギーのこの転換を基礎として諸産業を再編することを決断した現時点においては、われわれは、そのような再編にもとづく労働者への諸攻撃をうち砕くことを闘争課題として設定し、「脱炭素産業革命にもとづく諸攻撃粉砕」の指針を明らかにし提起しなければならない。

他面から言えば、彼らは、あくまでもよりいっそう資本を自己増殖するために脱炭素化の諸政策を採用したのであって、地球の温暖化をもたらしてきたところのエネルギーの浪費にかんしてはかたちを変えて継続しているのである。二酸化炭素を出さないための大量のエネルギーの支出しかり。原子力エネルギーの使用しかり。都市化と森林の破壊しかりである。われわれは、彼らのこのような諸策動に対決し、「自然破壊反対」「地球環境の破壊反対」の指針を明らかにしなければならない。

われわれの闘いの指針を解明するための出発点にかかわることとしては、このようなことがらを確認することができるであろう。

二〇二一年一月二八日

〔82〕今日における帝国主義戦争の必然性の貫徹形態の変化

糸色望さんから、「現代世界と無縁な「解放」記事」という私のブログの記事に次のようなコメントをもらった。

「電脳社会における戦争の貫徹形態のあり方もまた、分析の対象に入れないと旧来のドンパチだけが戦争の形態では無くなっていると思います。

そうした社会的基盤の変化も考慮しつつ、過剰資本の一挙的な破壊的更新、市場分割戦がどのように行われるのか、『現代帝国主義の腐朽』で明らかにされた方法論的基準を今日的に深化すべく再学習に努めたいと思います。」

これはヴィヴィッドで創意的な問題提起である、と私はおもう。

二〇二〇年代の現代世界においては、インターネット技術が諸産業および人びとの生活の基盤となったこと、そしてこの世界が中国とアメリカとの国家的な実体的対立を基軸として運動していること、これらを物質的基礎として現代における戦争の形態は変化している。

核軍事力や海軍力をもって両者は対抗しあうばかりではなく、相手国のインターネット網とそれをささえる人工衛星網を破壊するとともに自国のそれらを防衛するための技術を開発することが、両国の権力者の焦眉の課題となっているのであり、これをめぐって両者はしのぎをけずっているのである。

相手国によって、何らかの電磁的手段を使ってインターネット網に侵入されこれを破壊されるならば、軍事力も経済的基盤も人びとの日常生活も一瞬にして攪乱されその機能を停止し、これをコントロールする政治は大混乱に陥れられてしまうのである。このことにかんする数々の研究が発表されているのであるが、裏を返せば、その研究は、相手国の軍事力・経済力・政治力をそのようなかたちで破壊するための研究にほかならない。

いま、ハッカーという形態をとって、この部面における戦闘が日々くりひろげられているのである。

いまその感染症が蔓延しているところの新型コロナウイルスも――糸色望さんが言うように――生物兵器である可能性がある。これについては、具体的な分析を要する。

このコロナウイルスの感染をめぐっては、中国は、米欧日など以外の・ワクチンを自国で開発できない国ぐににたいして、中国製のワクチンの提供を手段として、これらの諸国をみずからの勢力圏に組みこむ策動をくりひろげているのである。

このようなことがらにかんして、現代における、帝国主義戦争の形態変化・および・その根拠をなすところの帝国主義戦争の必然性の貫徹形態の変化にかかわる問題として考察しほりさげなければならない。

かつて二〇世紀後半に、このような問題について論議された。米ソの角逐という物質的諸条件のもとでうみだされていたところの、米ソの核軍事力増強競争、アメリカ帝国主義のいわゆる社会主義国への侵略戦争、米ソ代理戦争、そして反米国家の軍事的転覆などなどを、帝国主義戦争の形態が変化したものとして分析するとともに、その根拠は、帝国主義戦争の必然性の貫徹形態の変化にある、というように理論的にほりさげたのであった。

帝国主義戦争の必然性は、――全世界的規模において資本主義が帝国主義段階に突入したことを物質的基礎として、――帝国主義国ドイツと帝国主義国イギリスとの実体的対立を措定して明らかにされなければならない。第二次大戦以後の現代世界にかんしては、スターリン主義国家ソ連あるいはソ連圏と、アメリカ帝国主義を盟主とする帝国主義陣営との実体的対立を措定して、帝国主義戦争の必然性の貫徹形態の変化を論じなければならない。――このようなことが論議されたのであった。

では、二一世紀現代世界にかんしてはどうか。

現代における物質的生産と軍事力と政治的支配ならびに人びとの生活がインターネット技術を基盤とするものとなったことを物質的基礎として、中国国家とアメリカ国家との対立を基軸とする戦争の形態が変わってきていることを分析するとともに、この戦争の必然性を、われわれは明らかにしなければならない。

一方の側たるアメリカ国家にかんしてはわかりやすい。この国家は、世界の覇権を中国に奪われるのをくいとめるために、「反中国」の排外主義的ナショナリズムをイデオロギー的支柱としているのであり、政治的にはトランプの岩盤支持層であった部分とこれに反対する部分との対立と分裂をはらみつつ、経済的には、現代帝国主義の政治経済構造をなす・腐朽を深める国家独占資本主義という形態をとっているのであって、ITを駆使した軍事力の増強に過剰資本の処理の方途を求めているのである。いま、脱炭素に舵を切った国家権力者バイデンのもとで、これに群がるIT産業や新エネルギー源の開発・生産の独占資本家どもと、石炭・石油・天然ガスなどの旧来のエネルギー産業や鉄鋼業などの資本家どもとの対立が激化しているのである。資本の人格化たる彼らが求めるのは、過剰資本のIT兵器としての消費なのである。

では、他方の側の中国国家はどうか。中国のスターリン主義党＝国家官僚であった者どもは、「共産党」という名の党を維持したままで、スターリン主義政治経済体制を解体し、米欧日の国家独占資本主義の経済形態を模倣して、自国の経済構造を資本制的なものに変えたのであり、みずからは党員のままで資本家的官僚あるいは官僚資本家となったのである。このゆえに、現代中国の政治経済構造は、米欧日の帝国主義経済と同じ矛盾をはらむこととなったのであり、膨大な過剰資本を抱えこむこととなったのである。リーマンショックをのりきるために国家が財政資金を投入したことにもとづく累積債務の増大と生産設備の過剰は、その端的なあらわれにほかならない。

資本家的官僚や官僚資本家は、このような国家資本の人格化にほかならず、労働者たちや農民たちを国家として統合するために排外主義的な中華ナショナリズムをみずからのイデオロギーとしているのであり、その内実は世界の覇権をアメリカから奪うことを目的とするものなのである。まさに「一帯一路」というような膨張主義的な国家戦略は、価値法則の貫徹された・今日の中国の政治経済構造をその物質的基礎とするのである。

このような現代中国を、スターリン主義政治経済体制の破壊のうえに成立した帝国主義というように規定するのかどうかということは、論議する必要があるとしても、帝国主義国アメリカにたいして新たな形態での戦争にうってでる経済的必然性を、この国家はもっているのであり、これを正当化するイデオロギーをうちだしているのである。

糸色望さんの問題提起をうけとめて私が考えたことは以上である。

反スターリン主義運動を再創造し、二一世紀現代においてプロレタリア世界革命を実現するために、このような問題にかんしてほりさげていこう！

二〇二一年一月二九日

〔83〕 サイバー空間における〝戦闘〟準備

＜5G 米が多国間基金　開発供給 日本や英豪と協力　中国製阻止狙う＞と題して、読売新聞は次のように報じた（二月一日）。

＜米国政府が高速・大容量通信規格「5G」の技術開発や機器供給網の強化に向け、多国間で利用する基金を設立することがわかった。英豪など機密情報を共有する英語圏五か国「ファイブ・アイズ」に加え、日本の参加を想定している。中国製機器の普及を阻止するため、関係の深い国と対中連合を形成し、「5G」開発の主導権を握る狙いがありそうだ。＞

＜……スパイやサイバーテロに利用されるとの安全保障上の懸念が高まっており、米国や英国は中国通信機器大手「華為技術」（ファーウェイ）などの中国勢を排除する動きを強めている。

各国は中国勢に代わる供給元の開拓に力を入れ始めており、安全保障上の関係が深く、

ＮＥＣや富士通といったメーカーを抱える日本との連携を強めている。〉

このように報道された動きの特質の一つは、この基金構想を主導したのはマーク・ワーナーという民主党の上院議員だ、ということにある。このことは、この基金構想のぶち上げというかたちにおいて、発足したバイデン政権が、あくまでも、情報通信技術の面において世界の覇権を中国には決してわたさないという国家戦略をとる、ということを宣言したことを意味する。この点においては、バイデンが基盤としている部分とトランプをささえてきた部分とは一致しているのである。この問題は、アメリカ帝国主義の存亡そのものにかかわるのだからである。

他面から言えば、この動きは、「５Ｇ」技術にかんしては中国が圧倒的優位にある、という厳然たる物質的諸条件のもとでのそれなのであって、このことは、経済戦略上の意味を超えて軍事戦略上、情報通信技術における劣位を挽回する、という決死の決意を、アメリカ帝国主義権力者およびこれと同盟した日本帝国主義権力者がしめした、ということを意味するのである。

「５Ｇ」をふくむ通信基地局関連設備の世界シェア（市場占有率）は、ファーウェイが三三％というように首位を占めるのにたいして、日米両国の支配者が期待する日本のＮＥＣや富士通は一％未満にすぎないのである。いまや、現在のシェアが問題なのではない。支配階級にとっては、将来が問題なのである。ＮＥＣの株価は、二月一日には、引きつづき上昇した。

中国は、海域における資源を確保するとともに軍事的に勢力下におく海洋域を拡大するために、海洋調査船の活動範囲をグアム周辺にまで広げた（日本経済新聞電子版二月一日）。さらに「5G」技術における中国の優位は、この国がサイバー空間での〝戦闘〟における管制高地を確保したことを意味する。それは、中国が軍事諜報戦においてアメリカとその同盟国の通信網に入りこみ情報を入手するための手段をつくりだしたということなのであり、相手国のインフラの諸設備をコントロールするためのインターネット網をその内側から破壊する技術を手にした、ということなのである。このサイバー戦闘は、相手国の都市と産業と軍事戦闘能力を、建物と人間を何ら外側から壊すことなく一瞬にして破壊する威力をもつ。

このゆえにこそ、アメリカ帝国主義権力者は焦りに焦っているのであり、自国とイギリス・カナダ・オーストラリア・ニュージーランドという「ファイブ・アイズ」に日本を加えて、挽回の体制を構築することに必死なのである。

このような諸策動は、労働者・勤労民衆の搾取と収奪と抑圧の強化のうえにおしすすめられているのである。

全世界の労働者たち・勤労者たちは、抗争をくりひろげる支配者たちによる搾取と収奪と抑圧をうちやぶるために階級的に団結してたたかおう！

二〇二一年二月一日

自然破壊と人間
マルクス『資本論』の真髄を貫いて考察する

2021年3月12日　初版第1刷発行

著　者　　野原　拓
発行所　　株式会社プラズマ出版
〒274-0825
千葉県船橋市前原西1-26-19マインツィンメル津田沼202号
TEL：047-409-3569
FAX：047-409-3730
e-mail：plasma.pb@outlook.jp
URL：https://plasmashuppan.webnode.jp/
　ISBN978-4-910323-51-0 C0036

〜〜〜〜〜〜〜〜〜〜〜 既刊 〜〜〜〜〜〜〜〜〜〜〜

プラズマ現代叢書 1

コロナ危機との闘い

黒田寛一の営為をうけつぎ、反スターリン主義運動の再興を

松代秀樹　編著

定価（本体 2000 円＋税）

ISBN978-4-910323-01-5

コロナ危機との対決で問われた階級的立場
労働者たちの未来を切り拓く武器は何か？

Ⅰ　新型コロナウイルス危機との闘い
Ⅱ　反スターリン主義運動を再興しよう
Ⅲ　新たな地平での闘いの決意

プラズマ現代叢書 2

コロナ危機の超克

黒田寛一の実践論と組織創造論をわがものに

松代秀樹・椿原清孝　編著

定価（本体 2000 円＋税）

ISBN978-4-910323-02-2

コロナ危機が映し出した現代社会の病理
その超克の主体的拠点を問う

Ⅰ　新型コロナウイルス危機を超克するために
Ⅱ　コロナ危機にたちむかうわれわれの思想問題
Ⅲ　反スターリン主義運動を再創造しよう